果树合理整形修剪图解系列

梨树合理整形修剪图解

陈敬谊 主编

化学工业出版社

·北京·

图书在版编目（CIP）数据

梨树合理整形修剪图解/陈敬谊主编. —北京：化学工业出版社，2018.11（2023.3重印）
（果树合理整形修剪图解系列）
ISBN 978-7-122-32951-6

Ⅰ.①梨… Ⅱ.①陈… Ⅲ.①梨-修剪-图解 Ⅳ.①S661.205

中国版本图书馆CIP数据核字（2018）第200888号

责任编辑：邵桂林　　装帧设计：韩　飞
责任校对：边　涛

出版发行：化学工业出版社
（北京市东城区青年湖南街13号　邮政编码100011）
印　　装：涿州市般润文化传播有限公司
787mm×1092mm　1/32　印张7　字数56千字
2023年3月北京第1版第2次印刷

购书咨询：010-64518888　　售后服务：010-64518899
网　　址：http://www.cip.com.cn
凡购买本书，如有缺损质量问题，本社销售中心负责调换。

定　　价：35.00元

编写人员名单

主　　编　陈敬谊

副 主 编　郭卫东

编写人员　陈敬谊　贾永祥

程福厚　赵志军

刘艳芬　柳焕章

郭卫东　王明军

前言

PREFACE

果树栽培面积大，是农民创收、致富的主要途径之一。果树整形修剪是搞好果树栽培管理的重要环节之一，在果树生产中整形修剪技术运用是否得当对果树产量和品质影响重大。整形修剪的目的是为了使果树早结果、早丰产，延长其经济寿命，同时获得优质的果品，提高果树栽培的经济效益，使栽培管理更加方便省工。科学的整形修剪能调节枝梢生长量和结果部位，构建合理的树冠结构，改善树冠通风透光条件，有效利用光能。

修剪技术是一个广义的概念，不仅包括修剪，还包括许多作用于枝、芽的技术，如环剥、拉枝、扭梢、摘心、环刻等技术工作。随着社会及现代农业的发展，果树的管理越来越趋向于简化管理，进行省工省力化栽培。果树整形修剪技术也与过去传统的修剪方法有了很大区别。但生产中普遍存在整形修剪不规范、修剪技术陈旧落后、修剪方法运用不当、修剪程序或过程烦琐、重冬季修剪轻夏季修剪等问题，严重影响了果树的产量、品质及其经济效益。

为了在果树生产中更好地推广和应用果树整形修剪技术，笔者结合多年教学、科研、生产实践经验，编写了《梨树合理整形修剪图解》一书。本书以图文结合的方式详细讲解了梨树合理整形修剪技术，力图做到先进、科学、实用，便于读者掌握，为果树优质丰产打基础。

本书主要包括整形修剪基础，梨树整形修剪的时期及方法，梨树整形特点与丰产树形要求，不同树龄、类型梨树修剪方法，梨树不同栽培种群的整形修剪特点等内容。需注意的是，整形修剪时应该根据树种、树龄和树势、肥水条件、密度、生长期、管理水平、品种等方面综合考虑，因“树”制宜，灵活运用，并要把冬季修剪和夏季修剪放在同等重要的地位，二者结合起来，才能达到应有的效果。但也应强调修剪不是万能的，要同时做好果树土肥水管理、病虫害防治等技术工作，才能达到优质丰产的目的。

本书内容实用，图文并茂，文字简练、通俗易懂，适合果树技术人员及果农使用。

由于笔者水平有限，加之时间仓促，疏漏和不妥之处在所难免，敬请广大读者指正。

编　者

2018年10月

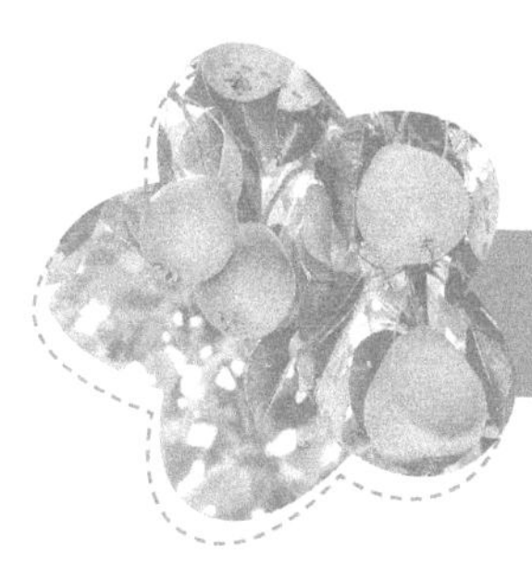

目录

CONTENTS

第一章　整形修剪基础……1

第一节　果树树体结构……3

第二节　整形修剪目的……7

一、整形、修剪的概念……7

二、整形修剪的目的……9

第三节　修剪对果树的作用……17

一、修剪对幼树的作用……17

二、修剪对成年树的作用……22

第四节　梨树生长结果习性……26

一、根的特性……26

二、芽的特性……40

三、枝的特性……56

四、叶的特性……67
五、花芽分化……73
六、开花、结果……76
第五节　对环境条件的要求……84
一、温度……84
二、光照……88
三、水分……89
四、土壤……90
第二章　梨树整形修剪的时期及方法……93
第一节　整形修剪的依据……95
一、搞好果树整形修剪必须考虑的因素……95
二、梨树修剪方案的制订……99
三、修剪步骤……103
第二节　修剪时期……104
一、冬季修剪……105
二、夏季修剪……106
第三节　修剪方法……108

一、冬季修剪方法……108
二、夏季修剪的方法……125
第四节　整形修剪创新点……137
一、注意调节每一株树内各个部位的生长势之间的平衡关系……137
二、整形与修剪技术水平没有最高，只有更高……141
三、修剪不是万能的……142
四、果树修剪一年四季都可以进行，不能只进行冬季修剪……143

第三章　梨树整形特点与丰产树形要求……145

第一节　丰产树形及树体结构……147
一、梨树的整形特点……147
二、对丰产树形的要求……150
三、树体结构的构成……151

第二节　梨树的主要树形及整形过程……155
一、梨树的主要树形……155
二、枝组的培养……172

第四章　不同树龄、类型梨树修剪方法……175

第一节　不同年龄时期梨树的修剪……177
一、幼龄树修剪……177
二、初结果树修剪……180
三、盛果期修剪……182
四、衰老期树……185
第二节　不同类型梨树的整形修剪……187
一、强旺树的整形修剪……187
二、大小年树的整形修剪……189
三、高接树的整形修剪……190

第五章　梨树不同栽培种群的整形修剪特点……193
一、砂梨……195
二、白梨……196
三、秋子梨……209
四、西洋梨……210
参考文献……212

第一章

整形修剪基础

第一节

果树树体结构

乔木果树的地上部包括主干和树冠两部分，见图1-1。树冠由中心干、主枝、侧枝和枝组构成，其中中心干、主枝和侧枝统

图1-1 果树树体结构

1—树冠；2—中心干；3—主枝；4—侧枝；
5—主干；6—枝组
（引自郗荣庭，《果树栽培学总论·第三版》，1997）

称骨干枝，是组成树冠骨架的永久性枝的统称。

1. 树冠

一般果树树冠由中心干、主枝、侧枝、辅养枝、枝组组成。树冠是树干以上所有着生的枝、叶所构成的形体。冠径是树冠直径，一般分东西和南北两个部分。

2. 主干

为地面至第一主枝之间的部分。主要作用是传递养分，将根部吸收的水分、无机盐、叶片制造的有机物传到树冠内的枝叶上，并将叶片产生的光合产物输送到根部。主干还起到支撑作用。

3. 中心干

也叫中央领导干，指树冠中的主干垂直延长部分。主要起维持树势和树形的作用。

4. 主枝

为从中心干上分生出来的大枝条，是构成树冠的永久性枝。主枝分层分布，从下向上分为第一层主枝、第二层主枝等。

5. 侧枝

为着生在主枝上的枝。侧枝是枝组着生的部位，一般分布在主枝的两侧。主枝上从主干向外分别为第一侧枝、第二侧枝。

6. 骨干枝

是指构成果树树冠骨架的永久性大枝，包括中心干、主枝、侧枝。

7. 延长枝

为各级骨干枝先端的延长部分。

8. 枝组

是指由结果枝和生长枝组成的一组枝条。枝组是具有两个以上分枝的枝群，是生长结果的基本单位，着生在主枝上，分为大、中、小三种。枝组在主枝上分布，背上和外围应以中、小型枝组为主，两侧及背下中、大型枝可多一些。枝组是果树生长和结果的基本单位，培养良好的枝组是丰产的基础，调整枝组布局是连年丰产、优质、延长盛果期的关键。做到树冠上稀下密，外疏内密，有利于通风透光。

第二节

整形修剪目的

一、整形、修剪的概念

1. 整形

是指从梨树幼树定植后开始，把每一株树都剪成既符合其生长结果特性，又适应于不同栽植方式、便于田间管理的树形，直到树体的经济寿命结束，这一过程叫整形。

整形的主要内容包括以下三方面。

（1）主干高低的确定　主干是指从地面开始到第一主枝的分枝处的高度。主干的高低和树体的生长速度、增粗速度呈反相关关系。栽培生产中，应根据梨园建园地点的土层厚度、土壤肥力、土壤质地、灌溉条件、栽植密度、生长期温度高低、管理水平等方面进行综合考虑。一般情况下，有利于树体生长的因素越多，定干可高些，反之则低些。

（2）骨干枝的数目、长短、间隔距离　骨干枝是指构成树体骨架的大枝（主枝和大的侧枝），选留的原则是：在能满足占满空间的前提下，大枝越少越好，修剪上真正做到大枝亮堂堂、小枝闹攘攘。

（3）主枝的伸展方向和开张角度的确定　主枝尽量向行间延伸，避免向株间方向延伸，以免造成郁闭和交叉，主枝的开张角度应根据密度来确定，密度越大，开张角度应该加大，密度小则角度应小，目的是有利于控制树冠的大小。

2. 修剪

修剪就是在整形过程中和完成整形后，为了维持良好的树体结构，使其保持最佳的结果状态，每年都要对树冠内的枝条，冬季适度地进行疏间、短截和回缩，夏季采用拉枝、扭梢、摘心等技术措施，以便在一定形状的树冠上，使其枝组之间新旧更替，结果不绝，直到树体衰老不能再更新为止，这就叫修剪。

二、整形修剪的目的

整形修剪是梨树生产上一项

重要的管理技术。整形修剪能调节枝梢生长量和结果部位，构建合理的树冠结构，改善树冠通风透光条件，有效利用光能，果树整形修剪的目的是为了使果树早结果、早丰产，延长其经济寿命，同时获得优质的果品，提高梨树栽培的经济效益，使栽培管理更加方便省工。具体说有以下几点。

1. 通过修剪完成果树的整形

果树通过修剪，使其有合理的干高，骨干枝分布均匀，伸展方向和着生角度适宜，主从关系明确，树冠骨架牢固，与栽培方式相适应，为丰产、稳产、优质打下良好的基础。同时通过修剪使树冠整齐一致，每个单株所占的空间相同，能经济地利用土地，并且便于田间的统一管理，见图1-2、图1-3。

图1-2 自然生长状态果树

2. 调节生长与结果的关系

果树生长与结果的矛盾是贯穿于其生命过程中的基本矛盾。

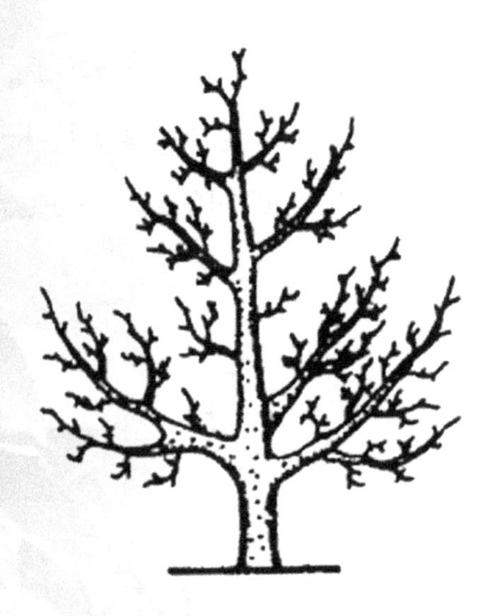

图1-3 整形修剪后果树

从果树开始结果以后，生长与结果多年同时存在，相互制约，对立统一，在一定条件下可以相互转化，修剪主要是应用果树这一生物学特性，对不同树种、不同品种、不同树龄、不同生长势的树，适时、适度地做好这一转化工作，通过调节使生长与结果建立起相对的平衡关系（图1-4、图1-5）。

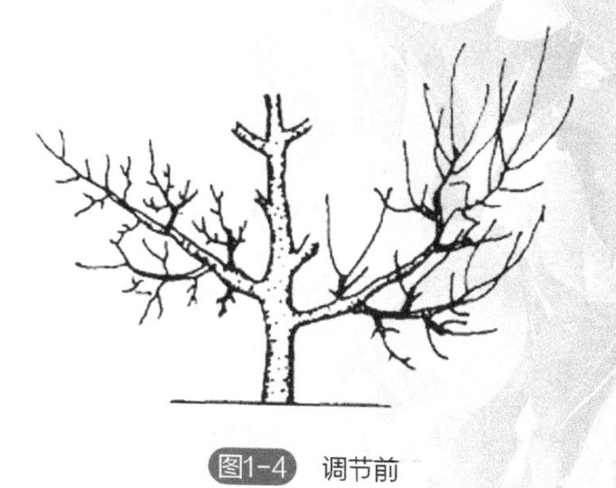

图1-4 调节前

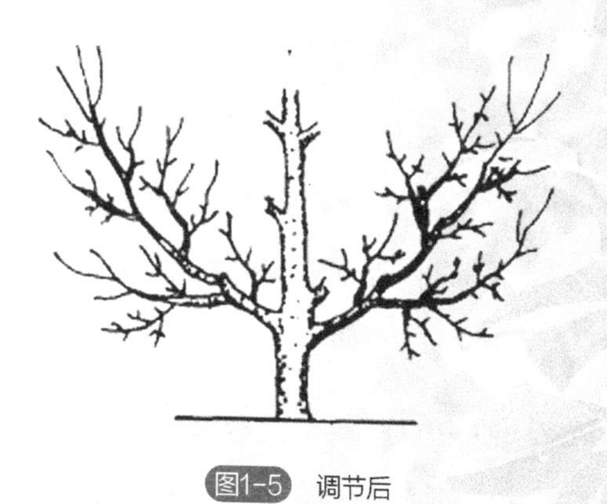

图1-5 调节后

3. 改善树冠光照状况，加强光合作用

果树所结果实中，90%～95%的有机物质都来自光合作用，因此要获得高产，必须从增加叶片数量、叶面积系数、延长光合作用时间和提高叶片光合率4个方面入手。整形修剪就是在很大程度上对上述因素发生直接或间接的影响。例如选择适宜的矮、小树冠，合理开张骨干枝角度，适当减少大枝数量，降低树高，拉大层间距，控制好大枝组等。都有利于形成外稀里密、上疏下密、里外透光的良好结构。另外，可以结合枝条变向，调整枝条密度，改善局部或整体光照状况，从而使叶片光合作用效率

提高，有利于成花和提高果实品质，见图1-6、图1-7。

图1-6 修剪前光照状况

图1-7 修剪后光照状况

4. 改善树体营养和水分状况，更新结果枝组，延长树体衰老

整形修剪对果树的一切影响，其根本原因都与改变树体内营养物质的产生、运输、分配和利用有直接关系。如重剪能提高枝条中水分含量，促进营养生长，扭梢、环剥可以提高手术部位以上的碳水化合物含量，从而使碳氮比增加，有利于花芽形成。通过对结果枝的更新，做到“树老枝不老”。

总之，整形与修剪可以对果树产生多方面的影响，不同的修剪方法、有不同的反应，因此，必须根据果树生长结果习性，因势利导，恰当灵活地应用修剪技

术，使其在果树生产中发挥积极的主要。

第三节 修剪对果树的作用

修剪技术是一个广义的概念，不仅包括修剪，还包括许多作用于枝、芽的技术，如环剥、拉枝、扭梢、摘心、环刻等技术工作。整形修剪可调整树冠结构的形成，果园群体与果树个体以及个体各部分之间的关系。而其主要作用是调节果树生长与结果。

一、修剪对幼树的作用

修剪对幼树的作用可以概

括成8个字：整体抑制，局部促进。修剪通常具有“整体抑制和局部刺激”的双重作用。“整体抑制”是指只要剪掉树上的枝条，对这一单株的整体生长就起到了抑制作用，修剪量越大，减少整体生长的作用越强；“局部促进”是指修剪对剪口附近的枝芽生长具有促进（刺激）作用。在一定程度上修剪量越大，促进（刺激）作用越强。

1. 局部促进作用

修剪后，可使剪口附近的新梢生长旺盛，叶片大，色泽浓绿。原因有以下几点。

（1）去掉了一部分枝芽　修剪后，由于去掉了一部分枝芽，使留下来的分生组织，如芽、形成层，得到的树体储藏养分相对增多。根系、主干、大枝是储藏营养的器官，修剪时对这些器官没影响，剪掉一部分枝后，使储藏养分与剪后分生组织的比例增大，碳氮比及矿质元素供给增加，同时根冠比加大，所以新梢生长旺、叶片大。

（2）修剪后改变了新梢的含水量　据研究，修剪树的新梢、结果枝、果台枝的含水量都有所增加，未结果的幼树水分增加得更多，水分改善的原因有：①根冠比加大，总叶面积相对减少，蒸腾量减少，生长前期最明显；②水分的输导组织有所改善，因为不同枝条中输导组织不同，导水能力也不同，短枝中有网状和孔状导管，导水力差，剪后短枝减少，全树水分供应可以改善；长枝有环纹或螺纹导管，导水能力强，但上部导水能力差，剪掉枝条上部可以改善水分供应；因此在干旱地区或干旱年份修剪应稍重一些，可以提高果树的抗旱能力。

（3）修剪后枝条中促进生长的激素增加　据测定，修剪后的枝条内细胞激动素的活性比不修剪的高90%，生长素高60%，这些激素的增加，主要出现在生长季。从而促进新梢的生长。

2. 整体抑制作用

修剪可以使全树生长受到抑制，表现为总叶面积减少，树冠、根系分布范围减少，修剪越重，抑制作用越明显。其原因如下。

（1）修剪剪去了一部分同化养分　一亩苹果修剪后，剪去纯氮3千克、磷0.867千克、钾2.5千克，相当于全年吸收量的5%～7%，很多碳水化合物被剪掉了。

（2）修剪时剪掉了大量的生长点　使新梢数量减少，因此叶片减少，碳水化合物合成减少，影响根系的生长，由于根系生长量变小，从而抑制地上部生长。

（3）伤口的影响　修剪后伤口愈合需要营养物质和水分，因此对树体有抑制作用，修剪量愈大，伤口愈多，抑制作用越明显。所以，修剪时应尽量减少或减小伤口面积。

修剪对幼树的抑制作用也因

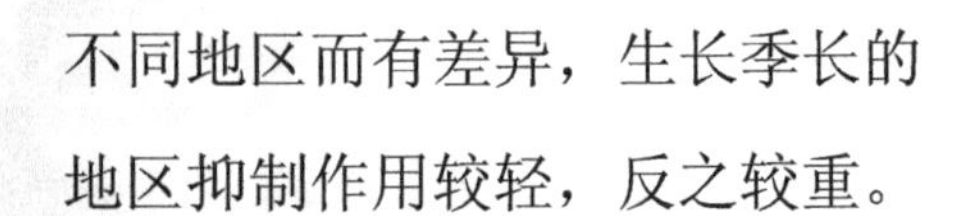

不同地区而有差异，生长季长的地区抑制作用较轻，反之较重。

二、修剪对成年树的作用

1. 成年树的特点

成年树的特点是枝条分生级次增多，水分、养分输导能力减弱，加以生长点多、叶面积增加、水分蒸腾量大，从而水分状况不如幼树。由于大部分养分用于花芽的形成和结果，使营养生长变弱，生长和结果失去平衡，营养不足时，会造成大量落花落果，产量不稳定，优势会形成“大小年”。

此外成年树易形成过量花芽，过多的无效花和幼果白白消耗树体储藏营养，使营养生长减弱，随着树龄增长，树冠内出现秃壳现象，结果部位外移，坐果率降低，产量和品质降低，抗逆性下降，见图1-8。

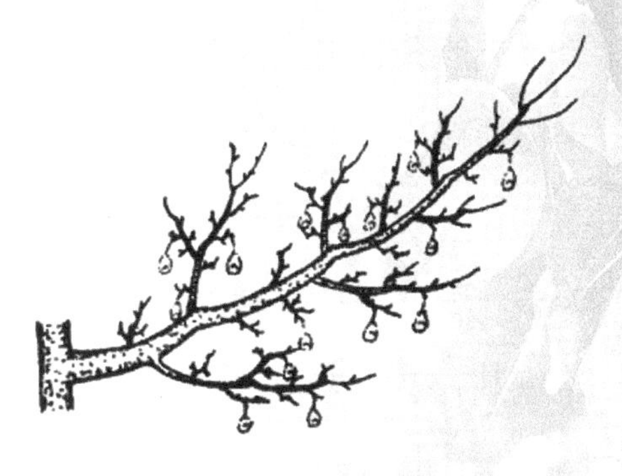

图1-8 自然生长树结果部位外移

2. 修剪的作用

修剪的作用主要表现在以下方面。

（1）改善了分生组织与储藏养分的比例　通过修剪可以把衰弱的枝条和细弱的结果枝疏掉或

更新，改善了分生组织与储藏养分的比例，同时配合营养枝短截，改善了水分输导状况，增加了营养生长势力，起到了更新的作用，使营养枝增多、结果枝减少、光照条件得到改善，所以成年树的修剪更多地表现为促进营养生长，提高生长和结果的平衡关系。因此，连年修剪可以使树体健壮，实现连年丰产的目的，图1-9、图1-10。

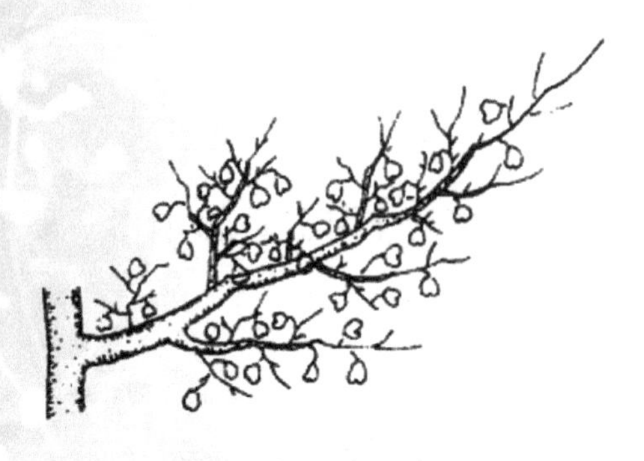

图1-9 整形修剪树连年丰产

图1-10 合理修剪梨树丰产结果状

（2）延迟树体衰老　利用修剪经常更新复壮枝组，可防止秃裸，延迟衰老。对衰老树用重回缩修剪配合肥水管理，能使其更新复壮，延长其经济寿命。

（3）提高坐果率，增大果实体积，改善果实品质　这种作用对水肥不足的树更明显。而在水肥充足的树上修剪过重，营养生长过旺，会降低坐果率，果实变小，品质下降。修剪对成年树的影响时间较长，因为成年树中，树干、根系储藏营养多，对根冠比的平衡需要的时间长。

第四节 梨树生长结果习性

一、根的特性

根系是梨树赖以生存的基础，是果树的重要地下器官。根系的数量、粗度、质量、分布深浅、活动能力强弱，直接影响苹果树地上部的枝条生长、叶片大小、花芽分化、坐果、产量和品质。土壤的改良、松土、施肥、灌水等重要果树管理措施，都是为了给根系生长发育创造良好的条件，以增强根系生长和代谢活动、调节树体上下部平衡、协调生长，从而实现苹果树丰产、优质、高效的生产目的。根系生长正常与否都能从地上部的生长状态上充分表现出来。

梨树多采用嫁接栽培。梨栽培品种苗木，其砧木为实生苗，根系为实生根系。

1. 根系的功能

根是梨树重要的营养器官，根系发育的好坏对地上部生长结果有重要影响。根系有固定、吸收、输导、合成、储藏、繁殖等6大功能。

（1）固定　根系深入地下，既有水平分布又有垂直分布，具

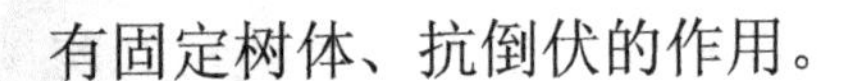

有固定树体、抗倒伏的作用。

（2）吸收　根系能吸收土壤中的水分和许多矿物质元素。

（3）储藏营养　根系具有储藏营养的功能，苹果树第二年春季萌芽、展叶、开花、坐果、新梢生长等所需要的营养物质，都是由上一年秋季落叶前，叶片制造的营养物质，通过树体的韧皮部向下输送到根系内储藏起来，以供树体地上部第二年开始生长时利用。

（4）合成　根系是合成多种有机化合物的场所，根毛从土壤中吸收到的铵盐、硝酸盐，在根内转化为氨基酸、酰胺等，然后运往地上部，供各个器官（花、果、叶等）正常生长发育时需要。根还能合成某些特殊物质，如激素（细胞分裂素，生长素）和其他生理活性物质，对地上部生长起调节作用。

（5）输导作用　根系吸收的水分和矿质营养元素需通过输导根的作用，运输到地上部供应各器官的生长和发育。

（6）有萌蘖更新、形成新的独立植株的能力

2. 果树根系的结构

梨树的根系由主根、侧根和须根组成（图1-11）。无性繁殖的植株无主根。

（1）主根　由种子胚根发育而成。种子萌发时，胚根最先突破种皮，向下生长而形成的根就是主根。

主根生长很快，一般垂直插

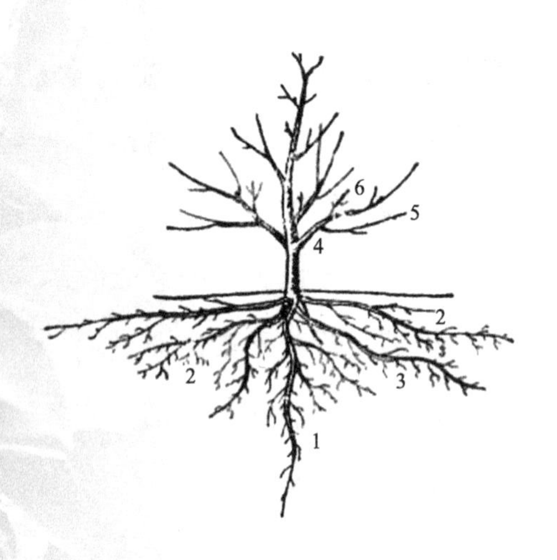

图1-11 果树根系结构图

1—主根；2—侧根；3—须根；4—主枝；
5—侧枝；6—枝组

入土壤，成为早期吸收水肥和固着的器官。

（2）侧根　是在主根上面着生的各级较粗大的水平分枝。侧根与主根有一定角度，沿地表方向生长。侧根与主根共同承担固着、吸收及储藏等功能。主根和侧根统称骨干根。

（3）须根　在侧根上形成的较细（一般直径小于2.5毫米）的根系。须根的先端为根毛，是直接从土壤中吸收水分和养分的器官。须根是根系的最活跃的部位。

须根按形态结构及功能分为以下四类。

① 生长根　在根系生长期间，须根上长出许多比着生部位还粗的白色、饱满的小根为生长根。生长根的功能是促进根系向新土层推进，延长和扩大根系分布范围及形成侧分枝——吸收根。

② 吸收根　吸收根为初生结构，白色。其长度小于2厘米，寿命短，一般只有15～25天，在未形成次生组织之前就已

死亡。

吸收根的功能是从土壤中吸收水分和矿物质，并将其转化为有机物。在根系生长最好时期，数目可占植株根系的90%或更多。吸收根的多少与果树营养状况关系极为密切。吸收根在生长后期由白色转为浅灰色成为过渡根，而后经一定时间自疏而死亡。

③ 过渡根　主要由吸收根转化而来，其部分可转变成输导根，部分随生长发育死亡。

④ 输导根　生长根经过一定时间生长后颜色转深，变为过渡根，再进一步发育成具有次生结构的输导根。它的功能是输导水分和营养物质，起固地作用，还具有吸收能力。

3. 根系的分布

（1）水平分布　根系水平生长，较浅，受土质、地下水、树种、砧木的影响。

一般定植后根系的水平分布直径第二年就超过树冠，成年时为树冠的3～5倍。多分布在0～50厘米土层中。

梨树根系的水平分布一般为冠幅的2倍左右，少数可达4～5倍。愈近主干，根系愈密，愈远则愈稀，树冠外一般根渐少，并多细长少分叉的根。

（2）垂直分布　向下生长的根，主要来源于水平根的向下分枝。入土深度取决于砧木、繁殖方式（实生或无性根）、土层厚度、地下水高低、土质的影响。

梨树的根系较深，成层分布，但第二层常少而软弱。梨树根系一般多分布于肥沃、疏松、水分良好的上层土中，以20～60厘米之间最密，80厘米以下根很少，到150厘米根更少。

4. 影响根系生长的因子

（1）地上部有机养分的供应　根系的生长是以叶片光合作用制造的碳水化合物作为原料，且根系的生长需消耗能量，而能量是靠呼吸作用分解碳水化合物而产生，所以结果过多或早期落叶造成碳水化合物供应不足，根系的生长就会受抑制；同时根系的生长加粗，细胞的分生、伸长、扩大需要激素的催化和启动，这些激素主要来自茎尖和幼叶。叶片制造的养分及茎尖、幼叶合成的激素向根系的回流是影响根系生长的主要因素。

（2）土壤温度　春季土壤温度达0.5℃时根系开始活动，7～8℃时根系开始加快生长，最适温度13～27℃。温度升高达30℃时，根系生长逐渐减缓、停止，超过35℃会引起根系死亡。不同的砧木对温度的要求也有差异，一般杜梨要求温度较低，砂梨、豆梨要求较高。

（3）土壤水分　最适宜根系生长的土壤含水量是田间最大持水量的60%～80%，当土壤含水量降到最大持水量的40%左右时，根系生长完全停止。

严重干旱时，地上部不仅表现出缺水的症状，还表现出各种不同的缺素症。但轻微干旱，改善了土壤的透气性，抑制了地上部的生长，用于根系生长发育的碳水化合物明显增多，反而有利于根系的生长。当水分过多时土壤的透气性差，根系的呼吸作用停止，常使树体上部表现出缺水的症状；或引起枝叶旺长，难以形成花芽；使土壤可溶性养分随水渗漏流失，造成土壤贫瘠。保证合理的水分供应对保证各种施肥措施充分发挥作用至关重要。

（4）土壤透气性　根系的呼吸需消耗土壤中的氧气，在土壤黏重、板结或涝洼地的果园，土壤中的氧气会限制根系生长。当土壤空气中的氧气达到15%时，新根生长旺盛，到10%时，根系活动正常，到5%时生长缓慢，到3%时则生长停止。

（5）土壤养分　土壤养分的含量影响根系的分布状态。土壤养分越富集，根系分布越集中，否则根系越疏散。在肥水投入有保证的情况下，通过集中施肥，适当减少根系的分布范围，形成相对集中但密度大、活性强的根系，可减少因根系建造而消耗的光合产物，有利于果实的丰产优质。

（6）土壤微生物　土壤微生物和梨树根系的吸收活动关系密切。当土壤中条件适宜时，通过有益微生物的活动，将土壤中的高分子有机物质、被土壤固定的矿物质分解释放成根系能够吸收的有效成分。

（7）土壤含盐量　土壤含盐

量超过0.2%时，新根的生长即受到抑制，超过0.3%时，根系受伤害。

（8）土壤pH值（酸碱度）

土壤pH值主要通过影响土壤养分的有效性和微生物活动来影响根系的生长和吸收活动，其作用是间接的。例如，在pH值超过7.5的碱性土壤上常发生缺铁黄叶现象，并不是铁元素缺乏，而是因为pH值高，铁成为不可利用状态，此时土壤施铁，收效甚微。如果将土壤pH值调整到7左右时，铁元素就可转化为可利用状态，缺铁失绿症也就减轻或消失；当pH值为6.5左右时，硝化细菌活动旺盛，能为树体提供较多的硝态氮素。

在施肥、土壤改良、水分供

应方面，要综合考虑影响根系生长的各种因素，注意各种条件的同步效应。

5. 根系的年生长动态

果树的根系没有自然休眠期。只要外界环境条件合适，一年四季都能生长。梨树根系生长一般每年有两次高峰。新梢停止生长后，根系生长最快，是第一次生长高峰。果实采收后出现第二次高峰。

梨树的根系在定植后的头2年，主根发育较快，经4～5年可达到最大垂直深度，此后侧根生长发育加快，范围扩大，粗度逐渐超过主根，树龄达15年后，侧根延伸减慢，逐渐停止。

梨树根系的生长发育和地上

部呈密切的相关性。当主根发达、侧根、须根少时树体生长旺盛，分枝少；当主根生长变弱，侧根、须根数量增多时，地上部生长势缓和，枝量增加。生产上可采取相应的管理措施以实现地上、地下生长的协调一致性。

二、芽的特性

梨树的芽是叶、枝或花的原始体，是枝或花在形成过程中的临时性器官。

1. 芽的分类

梨芽按性质分为花芽、叶芽、副芽和潜伏芽。

（1）花芽　梨树的花芽为混合花芽，即芽内除有花器官外，还有枝叶。花芽萌发后，开花结果并抽生枝叶。一个花芽形成一个花序，由多个花朵构成。花芽按在枝条上的着生位置，分为顶花芽和腋花芽。大部分花芽为顶生，初结果幼树和高接树易形成一些侧生的腋花芽。一般顶生花芽质量高，所结果实品质好，见图1-12～图1-16。

图1-12 腋花芽

图1-13 顶花芽

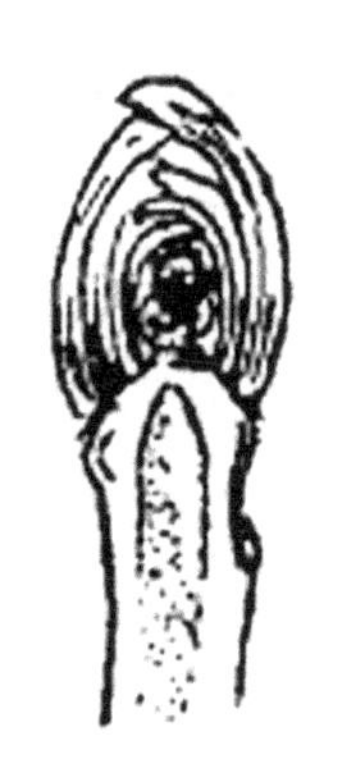

图1-14 花芽解剖图

（2）叶芽　梨树的生长发育和更新复壮，都是从叶芽开始。通过叶芽的发育，实现营养生长

图1-15 梨花芽萌发状

图1-16 花芽及萌生状

向生殖生长的转化，以芽的形式度过冬季不良环境。

梨枝的类型，枝的质量，枝

条上叶的数量的多少，叶的大小及质量等都与叶芽的分化和生长发育有关。

① 叶芽的种类　叶芽分为顶芽和腋芽，见图1-17、图1-18。

图1-17 叶芽

a. 顶芽　着生于枝条顶端，芽大且圆，短枝上的顶芽饱满，随着枝条长度的增加，顶芽的饱

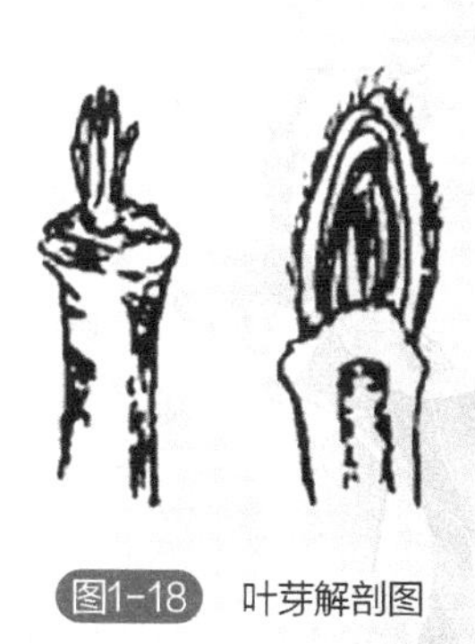

图1-18 叶芽解剖图

满程度降低。

同一枝条上不同节位芽的饱满程度、萌发力、生长势有明显差异。枝条基部的芽质量较差，叶片较小，主要由于新生枝条基部芽原基发育时间短、营养不足所致。随着枝条的生长，气温逐渐升高，叶面积增大，光合作用增强，营养供应充足，使枝条中部芽最饱满、质量最高。中部以上各节的芽原基发育时期气温偏高，发育期过短，营养供应减少，使芽的质量逐渐变差。顶芽和腋芽翌年春大多都能萌发。

b. 腋芽　萌发后，在枝条基部形成很小的芽，一般不萌发，只有在受到强刺激时才萌发，称为隐芽。

② 叶芽的特性　梨树叶芽萌发力较强，成枝力较弱，但品种间差异较大，见图1-19～图

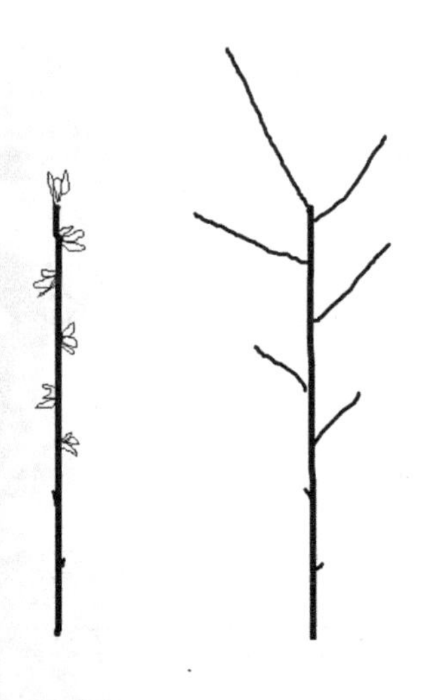

图1-19　萌芽力高，成枝力高

1-23。白梨系统各品种芽的萌发力和成枝力中等；秋子梨系统各品种芽的萌发力强，成枝力弱；砂梨系统的日本梨萌发力强，但成枝力极低；西洋梨系统各品种大多萌发力强，成枝力中等。叶芽的再生力和早熟性差，芽形成当年不能萌发。梨树隐芽的潜伏力很强，寿命长，对梨树枝条或

图1-20 萌芽力低，成枝力低

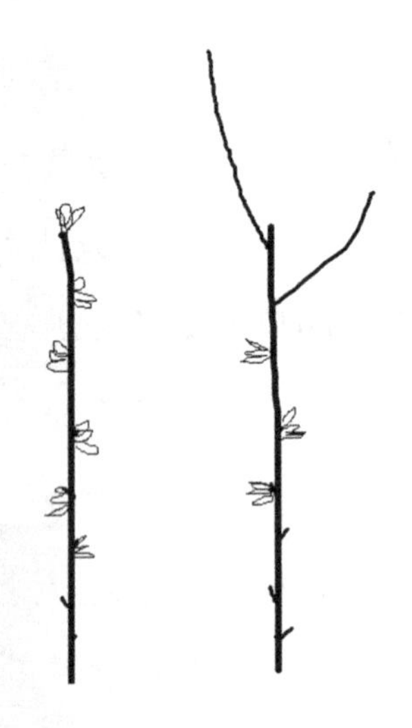

图1-21　萌芽力高，成枝力低

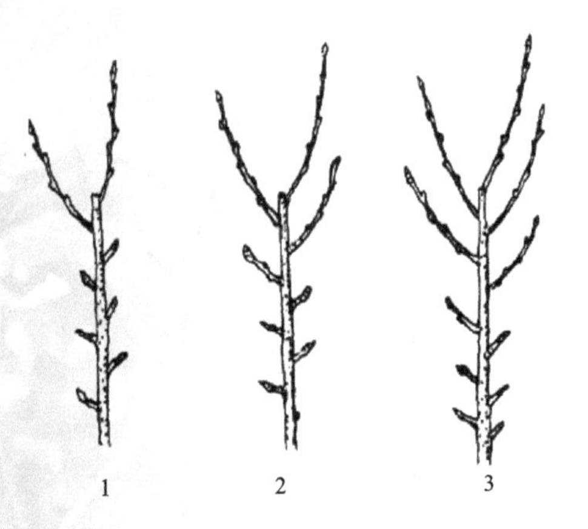

图1-22　不同品种梨成枝力

1—成枝力弱（鸭梨、砀山酥梨）；
2—成枝力中等（秋白梨、蜜梨茌梨、巴梨）；
3—成枝力强（安梨、尖把梨、雪花梨）

图1-23 梨树发芽率高，成枝力低

树冠的更新起着重要作用。

③ 叶芽分化的全过程 分为以下四个时期。

第1时期，春季叶芽萌动后，随着幼茎节间的伸长白下而上逐节形成腋芽原基。后芽原基由外向内分化鳞片原基并生长发育为鳞片。这一时期随着叶片生长的停止而停止。

第2时期，经夏季高温后开始。在形成鳞片的基础上开始分化叶原基，并生长成幼叶，一般分化叶原基3～7片，到冬季休眠时暂停。

第3时期，营养条件较好的芽在春季萌芽前进行，继续分化叶原基。该期内短梢可增加1～3片叶，中长梢可增加3～10片叶。冬季通过修剪、肥水等管理，改善树体的营养状况可促使更多的叶芽进入第3期分化，增加枝叶量。

第4时期，此次分化是在芽外进行的，所以称芽外分化。着生位置优越，营养充足，生长势强的芽，萌发以后，先端生长点仍继续分化新的叶原基，一直到6～7月间，新梢停止生长以后才开始下一代顶芽分化的第1时期。芽外分化形成的多是强旺的新梢或徒长枝。

叶芽的发育程度与树体的营养状况、环境条件关系密切，采用适宜的施肥技术、修剪方式等可促进芽的发育，提高芽的质量，改变芽的性质。

（3）副芽　着生在枝条基部的侧方。在梨树腋芽鳞片形成初期最早发生的两片鳞片的基部，存在着潜伏性薄壁组织。腋芽萌发时，该薄壁组织进行分裂，逐渐发育为枝条基部副芽（也属于叶芽），因其体积很小，不易看到。该芽通常不萌发，受到刺激则会抽生枝条，故副芽有利于树冠更新，见图1-24。

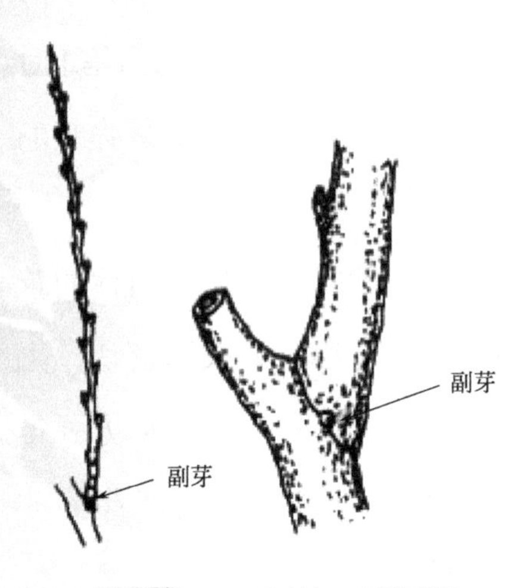

图1-24 梨枝条基部一侧的副芽

（4）潜伏芽 潜伏芽多着生在枝条的基部，一般不萌发，见图1-25。梨潜伏芽的寿命可长达十几年，甚至几十年，有利于树体更新。

2. 芽的特性

（1）芽的异质性 同一枝条

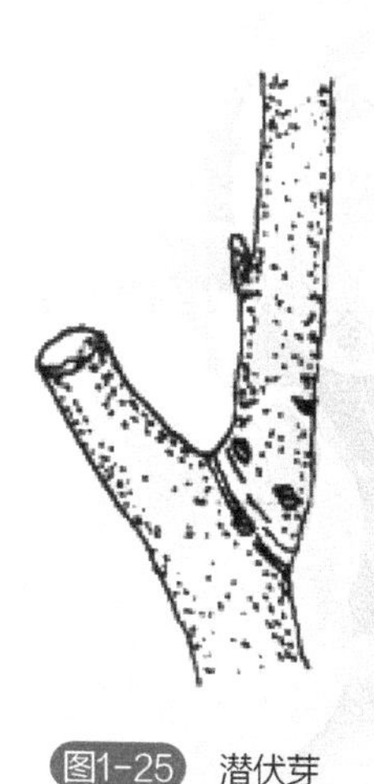

图1-25 潜伏芽

上不同部位的芽在发育过程中由于所处的环境条件不同以及枝条内部营养状况的差异，造成芽的生长势以及其他特性的差别称为芽的异质性。如枝条基部的芽发生在早春，此时正处于生长开始阶段叶面积小，气温又低，故芽的发育程度低，常形成瘪芽或隐芽。其后气温升高，叶面积增大，光合作用增强，芽的发育状况也改善，至枝条缓慢生长期后，叶片合成并积累大量养分，这时形成的芽极为充实饱满。

梨芽的异质性不明显，在1个枝条上除基部有2～3个盲节（无芽），向上有2～3个弱芽外，均有较饱满的芽，见图1-26。

（2）芽的晚熟性　当年形成的芽一般不萌发，要到第二年春

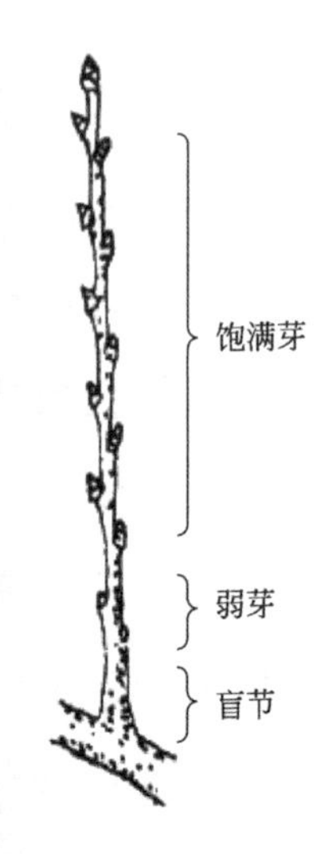

图1-26　芽的异质性

才萌发抽枝，这种特性称为芽的晚熟性。

（3）萌芽率及成枝力　生长枝上的芽能萌发枝叶的能力叫萌芽力。一个枝上萌芽数多的称萌芽力强，反之则弱。萌芽力，一般以萌发的芽数占总芽数的百分率来表示。生长枝上的芽，不仅萌发而且能抽成长枝的能力，叫成枝力。抽生长枝多的则成枝力强，反之则弱。在调查时一般以具体成枝数或以长枝占芽数的百分率表示成枝力。

萌芽力和成枝力因树种、品种、树龄、树势而不同。同一树种不同品种，萌芽力强弱也不同。一般萌芽力和成枝力都强的品种易于整形，但枝条过密，修剪时应多疏少截，防止郁闭，萌芽力强，成枝力弱的品种，易形成中短枝，但枝量少，应注意适当短截，促其发枝。

（4）芽的潜伏力　果树进入衰老期后，能由潜伏芽（即隐芽）发生新梢的能力称芽的潜伏力。芽潜伏力强的果树，枝条恢复能力强，容易进行树冠的复壮更新。芽的这种特性对果树复壮更新是很重要的。芽的潜伏力也受营养条件和栽培管理的影响，条件好隐芽寿命就长。

三、枝的特性

枝及由它长成的各级骨干枝构成树冠。枝上长叶，是结果的重要部位，并运输营养。根系吸收的水分和矿物质，通过枝的木质部导管运送到叶片，叶片制造的有机营养，通过枝的韧皮部运输到全树各个部位，以满足梨树生长结果的需要。枝条还有一定的吸收功能。生产上常利用枝条的吸收功能进行根外追肥。

1. 枝的类型

按生长结果性质分营养枝（只着生叶芽，只长叶不开花的枝）、结果枝（着生花芽，萌发后开花结果的枝）。

（1）营养枝　梨树枝条上的芽，除先端数芽可萌发抽成长枝以外，其余的芽多数能萌发成中、短枝。芽质好，加上水分、养分、气候条件适宜则有利于新梢伸长。

枝的长短：短枝1～5厘米、中枝5～15厘米、长枝15～30

厘米、徒长枝（节间长，芽体小，生长不充实的枝条，一般80厘米以上）。见图1-27。

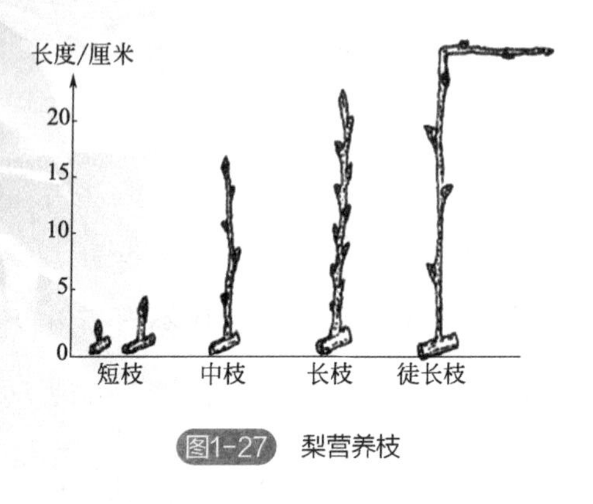

图1-27 梨营养枝

（2）结果枝 枝上着生花芽，能开花结果的枝为结果枝。按长度可划分为长果枝、中果枝和短果枝。

一般的划分标准为：15 厘米以上的为长果枝，5 ～ 15厘米为中果枝，5 厘米以下为短果枝见图1-28。

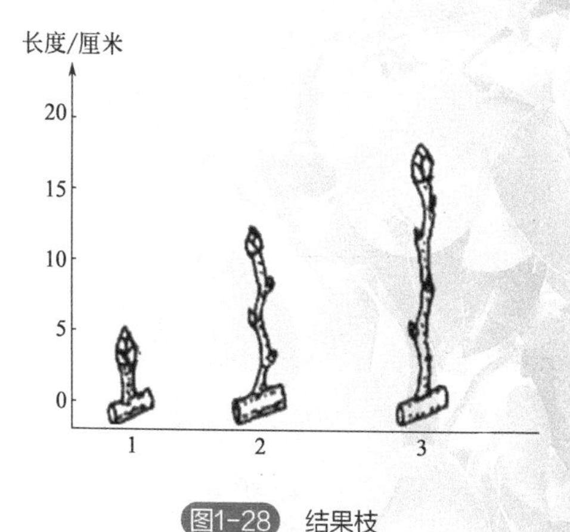

图1-28 结果枝

1—短果枝；2—中果枝；3—长果枝

结果枝结果后留下的膨大部分为果台，果台上的侧生分枝称为果台副梢或果台枝，见图1-29。短果枝结果后，果台连续分生较短的果台枝，经过几年以后，许多短果枝聚生成群，成为短果枝群，即通常所说的“鸡爪枝”和“姜形枝”。

图1-29 果台及果台副梢

2. 枝的生长特性

枝的生长分加长生长和加粗生长两种方式。

（1）新梢的加长生长　新梢的加长生长是由顶端分生组织细胞分裂和细胞伸长实现的。

除幼树、旺树、旺枝或其他特殊原因（病虫、旱、涝等引起的落叶，以及热带气候条件等）外，梨树的新梢一年只有一次生长，一般很少发生二次生长。在河北省中南部梨区，鸭梨新梢从4月中旬前后开始生长，短梢通常在4月下旬停止生长，中梢在5月中旬停止生长，成龄树长梢多在5月底或6月初停止生长。幼龄树生长旺，停止生长晚，但长梢最迟也在6月下旬停止生长。在生长期内，长梢有2～3个生长高峰，分别为冬前雏梢、冬后雏梢和芽外雏梢生长期，中梢有一个生长高峰，而短梢仅有一个高峰。

梨树的萌芽力高，成枝力低，在枝条上除先端数个芽可萌发抽生长梢外，其余的芽多萌发形成中、短梢。长度在5厘米以下的称为短梢（枝），20厘米以上的称为长梢（枝），5～20厘

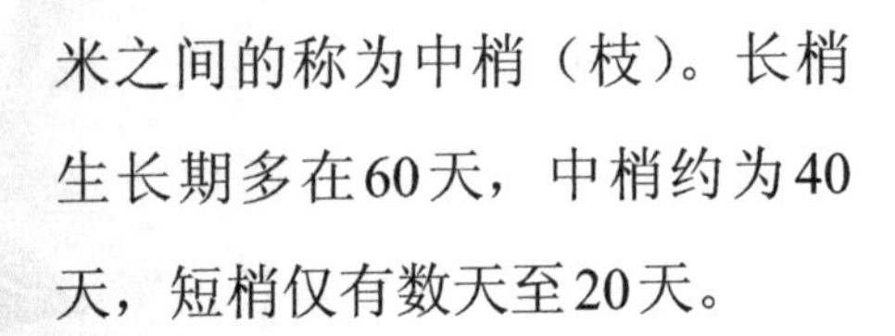

米之间的称为中梢（枝）。长梢生长期多在60天，中梢约为40天，短梢仅有数天至20天。

（2）新梢的加粗生长　新梢的加粗生长是形成层细胞分裂分化的结果。梨树的中、短梢加粗生长基本上与加长生长同时进行，但比加长生长停止得晚。长梢的加粗生长与加长生长是交替进行的。多年生枝的加粗生长在树体内有光合产物积累时进行，枝龄愈大、枝干愈粗，增粗愈迟。

在年周期中，新梢的生长量标志着树体的健壮程度，是高产、稳产的形态指标。连年丰产、稳产的鸭梨盛果期树，树冠外围中、下部新梢生长长度为40厘米左右，新梢中部粗度在

0.5厘米以上。

（3）大枝及主干的增粗　大枝及主干的增粗也是形成层分生活动的结果。形成层细胞的分裂活动受生长素、赤霉素和营养物质的共同调节，所以大枝和主干的增粗活动以6～8月较为旺盛，此后变缓，到10月下旬趋于停止。

（4）枝条的转化能力　梨萌芽率很高，一年生长枝长放可形成较多的短枝，枝条上的短枝、中枝在母枝受到重剪或伤害刺激时可转化成长枝，见图1-30、图1-31。

3. 影响枝生长的因素

影响枝生长的因素有品种、砧木、有机养分、内源激素、

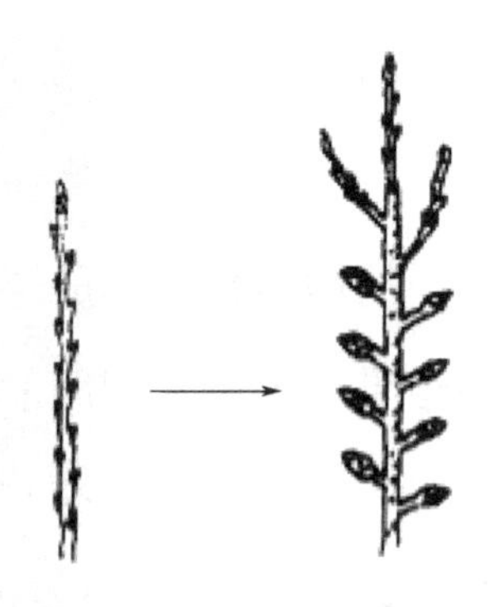

图1-30 长枝长放可转化成较多的中、短枝

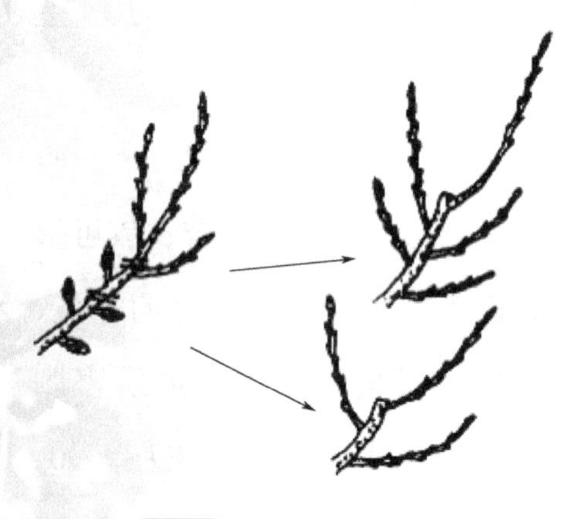

图1-31 中短枝转化为长枝

环境。

（1）顶端优势　活跃的顶端分生组织抑制侧芽萌发或生

长的现象。梨的顶端优势强，枝条的先端生长势强，下部的枝条生长势依次减弱。枝条的生长状态常影响顶端优势的表现，见图1-32。

（2）垂直优势　直立枝生长旺，水平枝生长弱，见图1-32。

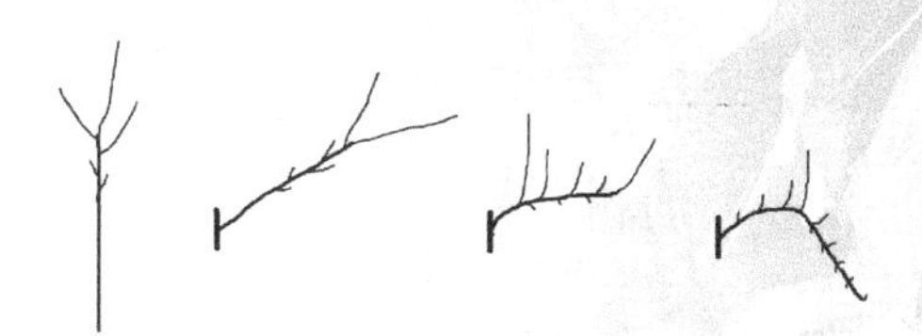

图1-32　顶端优势及垂直优势

（3）树冠的层性　为主枝在树干上分层排列的自然现象，是由芽的异质性造成的，与整形有关。

梨树萌芽力强，成枝力弱，先端优势强。在一枝上一般可抽

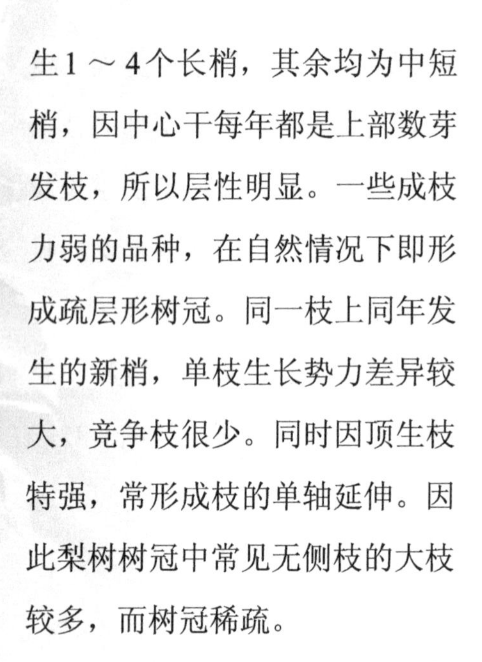

生1～4个长梢，其余均为中短梢，因中心干每年都是上部数芽发枝，所以层性明显。一些成枝力弱的品种，在自然情况下即形成疏层形树冠。同一枝上同年发生的新梢，单枝生长势力差异较大，竞争枝很少。同时因顶生枝特强，常形成枝的单轴延伸。因此梨树树冠中常见无侧枝的大枝较多，而树冠稀疏。

（4）树冠的形状　梨树幼树枝条常直立，树冠多呈紧密圆锥形，以后随结果增多，逐渐开张成圆头形或自然半圆形。鸭梨枝条长软而弯曲，小树树冠呈乱头形，大树时为自然半圆形。

梨树多中短枝，极易形成花芽，一般情况下梨树均可适期结果。只有因短截过重生长过旺的树，或受旱涝、病虫为害，管理粗放、生长过弱的树，才推迟结果。如加强管理，树势健壮，开张角度，轻剪长放，即可提早结果。枝长放后，枝逐年延伸而生长势转缓，因而枝上盲节相对增多。处在后部位置的中短枝常因营养不良，甚至枯死，形成缺枝脱节现象和树冠内膛过早光秃。梨树隐芽多而寿命长，在枝条衰老或受损以及受到某种刺激后，可萌发抽枝，以利用树冠更新和复壮。

四、叶的特性

1. 叶片的功能和作用

叶片是进行光合作用制造有机养分的主要器官，同时叶片还具有蒸腾降温、合成激素、吸收营养及呼吸作用。

(1) 光合作用　在叶片内的叶绿体中进行，叶片吸收水分和二氧化碳，在太阳光作为能源的条件下合成单糖（葡萄糖），同时释放出氧气。

(2) 蒸腾降温　叶片在环境温度过高或强太阳光照射的情况下，会通过叶片把水分由液态变成气态蒸发出去，同时带走大量热量，给地上部各个器官降温，防止由于温度过高造成各地上器官灼伤（又叫“日烧”）。因此干旱和高温、强光天气，应及时进行果园浇水，通过叶片蒸发水分给树体降温。

(3) 合成激素　春季梨树幼嫩叶片合成生长素，促使新梢迅速加长和加粗生长；秋季温度逐渐降低，此时地下土壤中的水分逐渐已经变成固态，不能被根系吸收，这时老龄叶片合成产生乙烯和脱落酸，促使叶片变黄脱落，起到防治水分通过叶片蒸发造成树体缺水的保护作用。如果秋末冬初叶片不能及时脱落，会造成水分的大量蒸发消耗，造成新梢枝条脱水干枯现象发生，栽培上把这种现象叫“抽条”。

（4）吸收作用　叶片上分布有大量的气孔，具有直接吸收营养的作用，在树体急需营养时期或没有灌溉条件的果园，可以通过叶片喷肥的方法及时补充营养，吸收快，效果好。但一定要掌握好喷施浓度为0.3%左右，以免发生肥害。

（5）呼吸作用　叶片是具有生活力的组织，通过呼吸作用进行一系列的代谢活动，产生营养物质，供应自身生长和果实发育的需求。

叶片是进行光合作用制造有机养分的主要器官，也是呼吸作用和蒸腾作用的主要场所，同时还是重要的合成（茎尖和幼叶合成细胞分裂素、赤霉素等）和吸收（通过气孔吸收水分和养分）器官。

2. 叶幕与叶面积系数

（1）叶幕　指树冠内集中分布并形成一定形状和体积的叶片群。合适的叶幕层和密度，使树冠内的叶量适中，分布均匀，充分利用光能，有利于优质高产；

叶幕过厚，造成通风透光困难，影响品质，过薄则体积小，光能利用率低，产量低。

（2）叶面积指数　指单株树冠内叶片总面积与其所占土地面积之比，反映了单位面积上的叶密度，一般3.5左右最适宜。低了则浪费光能，产量下降，高了则造成郁闭，果实品质下降。矮化和密植很好地解决了这一问题。

3. 叶片的生长发育

随着新梢的伸长，叶片的数量和叶面积也不断增加。一般短梢叶片生长时间长，中梢次之，长梢最短。梨树全年叶面积的90%以上在6月底前形成。同一枝条上不同部位的叶片大小不

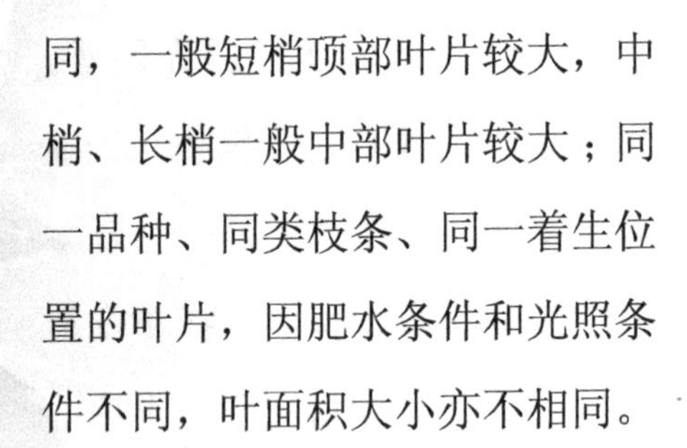

同，一般短梢顶部叶片较大，中梢、长梢一般中部叶片较大；同一品种、同类枝条、同一着生位置的叶片，因肥水条件和光照条件不同，叶面积大小亦不相同。

叶片对树体营养状况、环境条件变化反应敏感，现代果园管理常根据叶片成分分析来进行树体的营养诊断，以此来决定生产上采取的技术措施。

4. 栽培管理注意事项

在栽培管理中，应调整好长、中、短梢比例，以平衡生长与结果的关系，做到既要有利于花芽分化、果实生长发育、枝条和根系生长，又要保证后期的营养积累，以提高产量和果实品质，充实树体和枝芽，为翌年的萌芽、开花、结果打好基础。

五、花芽分化

1. 花芽分化概念

（1）概念　叶芽的生理和组织状态转化为花芽的生理和组织状态。

（2）花芽分化需要的条件　营养充足是花芽形成的物质基础，芽内具备丰富的碳水化合物、矿物质营养、含氮物质等是首要条件。充足的光照、适宜的温度和水分对花芽形成有重要影响。

① 温度　要求有适宜的温度范围，梨最适宜温度为21℃左右。

② 光照　光是光合作用的能源，光照不足则光合速率低，

树体营养水平差，花芽分化不良；光照强，光合速率高，同时光照强可破坏新梢叶片合成的生长素，使新梢生长受到抑制，有利于花芽分化。每天的日照时数在8～14小时，平均气温达到20℃以上时进行花芽分化。

③ 水分　花芽分化期适度的短期控水，可促进花芽分化（田间持水量的50%左右）。因为能抑制新梢生长，有利于光合产物的积累，提高细胞液的营养浓度，从而利于花芽分化。

（3）营养　包括有机营养和矿质营养两部分。充足的营养能保证花芽分化正常进行。如果营养不足，花芽分化少或分化不能彻底完成（花的各器官要齐全才行），造成坐果率低。

花芽的形成是多种因素综合作用的结果。水分、氮素供应充足，碳水化合物合成较多，树势中庸健壮，碳水化合物在树体内有积累，花芽形成多，质量高。

2. 分化时期

梨树花芽分化的时期是在新梢停止生长后开始的，一般在6～7月份。由于树势、枝条长势、停长时间、营养状况、环境条件等的不同，花芽分化的时期也不相同。

凡短枝上叶片多而大、枝龄较轻、母枝充实健壮、生长停止早的，花芽分化开始早，芽的生长发育亦好。中长梢停长早、枝充实健壮的，花芽分化早，反之则迟。

花芽分化的第1时期与叶芽

完全相同，如第1分化期后芽的基础较好，加之此期树体，枝条营养状况较好，则在第2时期进入花芽分化，反之则仍然是叶芽。其后进行的分化顺序分别为花萼形成期、花瓣形成期、雄蕊形成期、雌蕊形成期，这一分化过程持续到树体冬季休眠时为止。经过休眠的花芽，在第3时期继续雌蕊的分化和其他各部分的发育，直到最后形成胚珠然后萌芽、开花。

六、开花、结果

开花结果习性是果树重要特性之一。梨花芽为混合芽，多为顶生也有腋生，以短果枝结果为主，中长枝也能形成混合芽。花芽在初夏分化，翌春萌动开花，梨为伞房花序，一般有8～9朵花。梨花序茎部有1～2个果台副梢。

1. 开花

梨的花芽是混合花芽，花序是伞房花序，每花序有花5～10朵，通常分为少花、中花、多花3种类型。平均每花序5朵以下的为少花类型，8朵以上为多花类型。梨是低序位的花先开，高序位花后开，低序位先开的花坐果好，见图1-33、图1-34。

花芽经过冬季休眠以后，当日平均气温达到0℃以上时，花芽内的花器官即开始缓慢生长、发育。随着气温升高，生长和发育速度加快，芽的体积逐渐增大，即花芽萌动期。此后花开放

图1-33 梨开花状（初花期）

图1-34 梨开花状（盛花期）

一般经历6个时期，即花芽开绽期、露蕾期、花序分离期、露冠期、花初开期和盛花期，持续时间一般为7～12天。

2. 授粉

梨树开花后能否坐果的首要条件是授粉、受精。梨自花结果率多数很低，多数梨品种均要配置授粉树，且要保证花朵完全开放3天之内完成授粉。

花期气候是影响传粉受精的重要因素。柱头得到花粉后在温度达到15～17℃时花粉才能正常发芽。如花期遇雨，落到柱头的花粉还会被冲掉。花期阴雨低温或刮风等天气，影响昆虫等传粉媒介的活动，也会影响到花朵授粉。

土壤状况、营养供应、树势强弱等也都是影响梨树坐果率的重要因素。

3. 结果习性

（1）开始结果年龄　因树种和品种而异。一般沙梨较早，需3～4年；白梨4年左右；秋子梨较晚，需5～7年。但品种间差异亦大，如鸭梨、雪花梨、砀山酥梨等品种较易成花芽，一年生发育枝长放后当年成花，第二年结果，中短枝多数当年成花，次年结果。梨树枝条转化为结果枝较易，适当控制尖端优势、开张角度，轻剪密留，加强肥水管理，即可提早结果。

（2）结果部位　梨树以短果枝结果为主，某些品种（如鸭梨）

易形成短果枝群，见图1-35。中、长果枝结果较少。但树种、品种间差异较大，秋子梨多数品种有较多的长果枝和腋花芽结果，沙梨中的祇园、新世纪、幸水等及西洋梨则少见。白梨中如茌梨、雪花梨易见长果枝和腋花芽，而波梨、白酥梨等则少见。

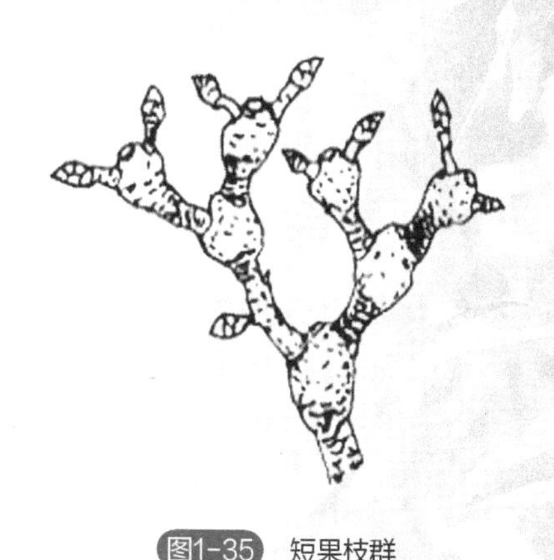

图1-35 短果枝群

多数品种连续结果能力较强见图1-36。结果枝的结果能力与枝龄有关，梨树以2～6年生枝

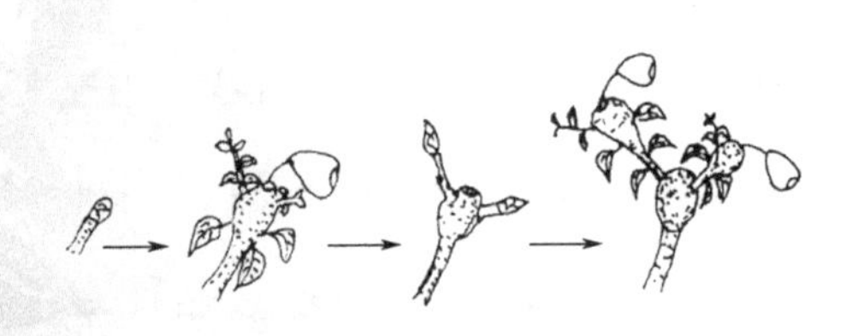

图1-36 短枝连续结果能力

的结果能力较强，7～8年后随年龄增大而结果能力衰退。但有的品种，如鸭梨短果枝寿命较长，在营养条件较好的情况下，8～10年仍能较好结果。梨以基部第一、二序位的花结果质量高。

结果部位还与年龄时期、气候条件、栽培管理等因素有关。

4. 果实的发育

梨果实主要由果肉、果心和种子3部分组成。花从完成受精以后一直到果实成熟，这3部分之间的发育有着密切关系。

梨果实的生长发育可以分

为3个时期，即第一个缓慢生长期、快速生长期和第二个缓慢生长期。

梨果实从开花后到果实成熟的整个发育和膨大过程，呈现出一定的规律性：从开花坐果到花后40天左右，果实生长缓慢，重量和体积变化不大；从花后40天以后到成熟前一个月，果实一直在迅速膨大和发育；到采收前15天左右，逐渐慢下来，进入第二个缓慢生长期，直到成熟为止。如果把果实的体积或重量作为Y轴，把时间变化作为X轴，做成果实生长曲线，呈现单“S”形。

生产上常见的生理落果多发生在第1个缓慢生长期内。已受精的花，幼果在胚乳发育过程中需大量的营养物质，如果营养物质供应不足，胚乳发育停止，果柄基部形成离层而使幼果脱落，称为第1次生理落果。有些品种在果实将近成熟时也有落果现象，称为采前落果。

第五节 对环境条件的要求

一、温度

温度是决定梨品种地理分布，制约梨树生长发育好坏的首要因子。由于各种梨原产地带不同，在长期适应原产地条件下而形成了对温度的不同要求（表1-1）。

表 1-1　梨不同品种群对温度的适应范围

单位：℃

品种类群	年均温	生长季均温	休眠期均温	绝对最低温
秋子梨	4.5 ～ 12	14.7 ～ 18.0	−4.9 ～ −13.3	−19.3 ～ −30.3
砂梨	14.0 ～ 20	15.5 ～ 26.9	5.0 ～ 17.2	−5.9 ～ −13.8
白梨和西洋梨	7.0 ～ 15	18.1 ～ 22.2	−2.0 ～ 3.5	−16.4 ～ −24.2

1. 开花温度

气温稳定在10℃以上，梨花即开放。14℃时，开花增快，15℃以上连续3～5天，即完成开花。

梨树开花较苹果为早，梨是先开花后展叶，易发生花期晚霜冻害。已开放的花朵，遇0℃低温即受冻害。不同品种类群开花温度不同，其由低至高的开花顺序依次为秋子梨—白梨—砂梨—西洋梨。越是开花早的品种，越易受冻。

不同纬度不同年份花期不同。由北向南，温度渐高，花期渐次提早，南北花期可相差2个月。花期低温寡照年份较高温晴朗年份，开花可推迟1～2周。

2. 花粉发芽温度

在10～16℃时，44 小时完成授粉受精过程；气温升高，相应加速。晴天20℃左右，9～22小时即完成受精。温度过高或过低，对授粉受精都不利，如气温高于35℃或低于5℃即有伤害，是造成开花满树，结果无几的原因。

3. 花芽分化和果实发育温度

要求20℃以上。6～8月间，一般年份都能满足这个温度。但在北部积温不足的地区或年份，常出现花芽形成困难和果实偏小、色味欠佳现象。如辽宁的鸭梨其成花、产量、品质和果个远不及河北、山东产区。

4. 根系生长、吸收的温度

春季土温达到0.5时，根系开始活动，以后随土温的升高，生长加快，到21.6～22.2℃时生长最快。温度继续升高，生长减慢，27～29.8℃时生长相对停止。

二、光照

梨树喜光，年需日照1600～1700小时。大多数梨品种，分生长枝少，萌发短枝，树冠稀疏，使冠内可以接受更多的阳光。

梨树根、芽、枝、叶、花、果实一切器官的生长，所需的有机养分，都靠叶的叶绿素吸收光能制造。当光照不足时，光合产物减少，生长变弱，根系生长显著不良，花芽难以形成，落花落果严重，果实小，颜色差，糖度低，维生素C少，品质明显下降。

原产地不同的品种，对光的要求不同。原产地多雨寡照的南方沙梨，有较好耐阴性；原产地多晴少雨的北方秋子梨、白梨品种，要求较多光照；西洋梨介于二者之间。

三、水分

梨树喜水，民间有“旱枣涝梨”之说，梨果实含水量80%～90%，枝叶、根含水50%左右。不同种和品种需水量不同，砂梨需水量最多，白梨、西洋梨次之，秋子梨最耐旱。

亩产2500千克的成年梨树，每667平方米1年耗水量约为400吨。这个数量相当于600毫米的年降水量。我国东北、华北梨产区，年降雨多在500～600毫米，西北地区只300～400毫米，天然降水不足且分布不均衡，应选择山梨、杜梨砧木及秋子梨、白梨等抗旱品种，并有保水、灌水设施。长江流域及其以南梨产区，年降雨量1000毫米以上，雨量偏高，应选用豆梨、沙梨作砧木，嫁接沙梨等抗涝品种，并有排水设施。

四、土壤

梨对土壤要求不严，沙、壤、黏土都可栽培，以土层深厚、土质疏松、排水良好的沙壤土为好。

梨喜中性偏酸的土壤，适应范围为pH5.8～8.5，最适范围为5.6～7.2。不同砧木对土壤的适应力不同，沙梨、豆梨要求偏酸，杜梨可偏碱。梨亦较耐盐，但在含盐0.3%时即受害。杜梨比沙梨、豆梨耐盐力强。

第二章

梨树整形修剪的时期及方法

第一节 整形修剪的依据

一、搞好果树整形修剪必须考虑的因素

1. 不同品种的特性

品种不同，其生物学特性也不同，如在萌芽率、成枝力、分枝角度、枝条硬度、花芽形成难易、结果枝类型、中心干强弱以及对修剪敏感程度等方面都有差异。因此，根据不同品种的生物学特性，切实采取针对性的整形修剪方法，才能做到因品种科学

修剪，发挥其生长结果特点。

2. 树龄和树势

树龄和树势虽为两个因素，树龄和生长势有着密切关系，幼树至结果前期，一般树势旺盛，或枝力强，萌芽率低，而盛果期树生长势中庸或偏弱，萌芽率提高。前者在修剪上应做到小树助大，实行轻剪长放多留枝，多留花芽多结果，并迅速扩大树冠。后者要求大树防老，具体做法是适当重剪，适量结果，稳产优质。但也有特殊情况，成龄大树也有生长势较旺的。当然对于旺树，不管树龄大小，修剪量都要小一些，不过对于大树可采取其他抑制生长措施，如环剥或叶面喷施生长抑制剂等。

3. 修剪反应

修剪反应是制定合理修剪方案的依据，也是检验修剪好坏的重要指标。因为同一种修剪方法，由于枝条生长势有旺有弱，状态有平有直，其反应也截然不同。怎么看修剪反应，要从两个方面考虑，一个是要看局部表现，即剪口、锯口下枝条的生长、成花和结果情况，另一个是看全树的总体表现，是否达到了所要求的状况，调查过去哪些枝条剪错了，哪些修剪反应较好。因此，果树的生长结果表现就是对修剪反应客观而明确的回答。只有充分了解修剪反应之后，我们再进行修剪就会做到心中有数和正确修剪。

4. 自然条件和栽培管理水平

树体在不同的自然条件和管理条件下，果树的生长发育差异很大，因此修剪时应根据具体情况，如年均温度、降雨量、技术条件、肥水条件，分别采用适当的树形和修剪方法。如贫瘠、干旱地区的果园，树势弱、树体小、结果早，应采用小冠树形，定干低一些，骨干枝不宜过多、过长。修剪应偏重些，多截少疏、注意复壮树势，保留结果部位。在肥、水条件好的果园，果树发枝多，长势旺，应采用大、中树形，树干也应高一些。主枝宜少，层间应大，修剪量要轻。

5. 梨树的栽植方式与整形修剪也有关

密植园的树体矮，树冠宜小，主枝应多而小，注意以果压冠。稀植大冠树的修剪要求则正好相反。

二、梨树修剪方案的制订

修剪方案通常是指针对当年树体的生长势、单株产量、果实品质、花芽数量和枝类组成等的实地调查而制定的冬季整形修剪的主要指导原则。修剪方案的主要内容应包括修剪量和单株花芽数量的控制，骨干枝的培养和疏除标准，结果枝组的培养和更新方法，以及不同类型辅养枝的处理技术。

1. 不同品种的生长结果习性

对易形成花芽的品种，如晚秋黄梨、鸭梨等可适当增加修剪量，加大结果枝组的更新和回缩的力度；对成枝力较低的品种如鸭梨、黄金梨等品种，应多短截。少疏枝，增加枝量. 特别应注意预备枝的培养及大、中型结果枝组的培养与维持；对大果形品种如雪花梨等应严格控制花芽数量，维持合适的枝果比。

2. 梨树的年龄时期

幼龄期梨树冬季修剪的重点应该是树冠结构的培养。控制单株挂果量。修剪应以轻剪为主。尽量促进发枝，多留辅养枝。盛果期梨树，应注重结果枝组的配置和更新，梨树进入盛果期后，结果枝下垂，由于连年结果树势逐渐衰弱，树冠内易发生光照不良，新梢瘦弱，花芽分化不良，无效空间增大，对外围枝条过密的树，要轻剪一部分外围枝，适当疏除一部分外围枝，打开光路，做到外稀里密、上稀下密。主枝和辅养枝过多的树，要通过修剪辅养枝，逐年减小、变弱后疏除，因栽植密度过大引起树与树之间交叉碰头的，可采取回缩方法，把大头改成小头；老龄期梨树需注重对骨干枝的回缩和更新，促进营养生长，控制生殖生长，改善树冠的通风透光条件，修剪应以短截为主，增加枝量，多留预备枝。梨树进入衰老期后，外围枝对短截已无明显反应，枯枝迅速增加，产量下降，向心生长开始（内膛大量冒条）。对衰老骨干枝应及时回缩更新，恢复树势，充实树冠，延长结果能力，骨干枝的回缩部位应根据衰老程度而定，回缩部位需有较壮的分枝，如有可利用的徒长枝或背上直立旺枝应充分利用。当骨干枝严重衰老，或无法找到有较壮分枝的回缩部位时，应多留枝叶，不使挂果。同时逐年进行根系更新，距离树干一定距离（树冠正投影下方）挖深沟进行断根再生，但要注意3～4年完成树冠周围断根的任务。养树2～3年后，再进行回缩，如需维持一定产量，也可对骨干枝分年分批进行回缩。

3. 梨树生长势

对生长势偏弱的梨树，应控制花芽数量，加强结果枝组的回缩和更新，以短截为主，疏枝为辅，不断增加中、长枝数量，恢复树势；对树势偏强的梨树，可适当增加花芽数量，一年生枝以轻剪长放为主，控制长枝数量，改善树冠通风透光条件，逐渐缓和树势。

三、修剪步骤

① 根据栽植密度确定采用的树形。

② 根据修剪树年龄阶段确定修剪方法。

③ 了解每一株树的树势、品种、砧木、花量。根据树势确

定修剪方法，根据品种、砧木、花量、树势是否平衡确定每一株树总的修剪量和局部的修剪量。

④ 开始修剪。先确定中央领导干和各主枝的枝头，对枝头进行长放或短截或回缩等处理；再对直立枝、中央领导干和主枝枝头的竞争枝进行控制，处理过密枝条；用剪、留量调节树势平衡；最后进行结果枝组培养。

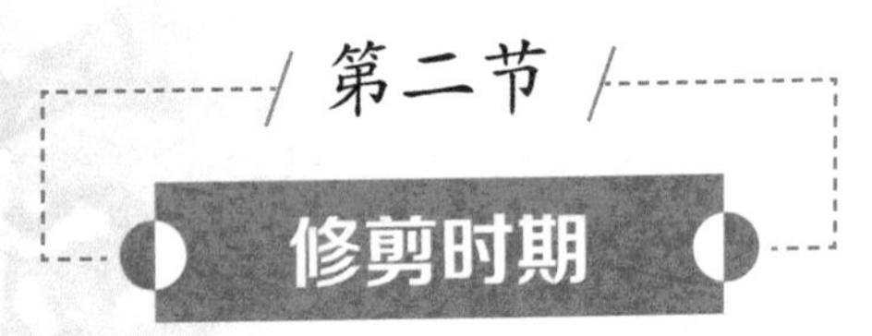

第二节 修剪时期

果树一年四季都可进行修剪，但根据年周期的气候特点，果树修剪时期一般分为冬季（休眠期）修剪和夏季（生长期）

修剪。

一、冬季修剪

1. 时期

是指在果树落叶以后到萌芽以前，越冬休眠期进行的修剪，因此也叫休眠期修剪。优点是在这一时期，光合产物已经向下运输，进入大枝、主干及根系中储藏起来，修剪时养分损失少。严寒地区，可在严寒后进行，对于幼旺树，也可在萌芽期修剪，以削弱其生长势。实验表明，幼树在萌芽期修剪提高萌芽率10%～15%。

2. 冬季修剪的主要任务

因年龄时期而定，各有侧重点。

（1）幼树期间　主要是完成整形，骨架牢固，快扩大树冠，

（2）初结果树　主要是培养稳定的结果枝组。

（3）盛果期树　主要是维持和复壮树势，更新结果枝组，调整花、叶芽比例。

二、夏季修剪

又叫生长期修剪，是指树体从萌芽后到落叶前进行的修剪。主要是解决一些冬季修剪不易解决的问题，如对旺长树、徒长枝的处理，早春抹芽、夏季摘心等，以及环剥、拉枝、拿枝等促花措施。

生产上梨树夏季修剪通常在4个时期进行，萌芽期至开花期（3月中旬至4月中旬）一般

进行抹芽和疏蕾，即去除伤口附近的多余不定芽和枝条背上芽，以及过多的花蕾；新梢生长期（5月上旬至6月上旬）主要去除由隐芽或潜伏芽抽生的过密新梢，以及将来有可能形成徒长枝的新梢；新梢生长末期（6月下旬至7月下旬）主要进行拉枝作业，通过调整枝条开张角度，达到改善光照、促进果实生长和花芽分化，以及骨干枝的培养；树体养分储藏期（9月中旬至10月中旬）主要疏除部分骨干枝背上较旺的徒长枝条和多年生辅养枝，改善树冠结构和内膛光照，抑制第二年伤口处徒长枝的重新发生。

由于夏季修剪减少了枝叶量，抑制了营养生长，对树体生长有一定抑制作用，可缓和强旺树生长势，生产上夏季修剪常用于树势过强或幼龄树，修剪量不宜过重，对弱树或老龄树应适当控制修剪量。

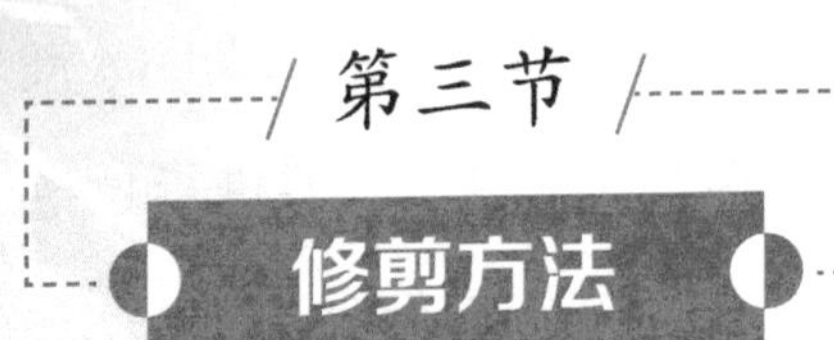

第三节 修剪方法

一、冬季修剪方法

1. 短截

短截就是把一年生枝条剪去一部分，距芽上方0.5 ～ 1.0厘米。见图2-1。短截对全枝或全树来说是削弱作用，但对剪口下芽抽生枝条起促进作用，可以

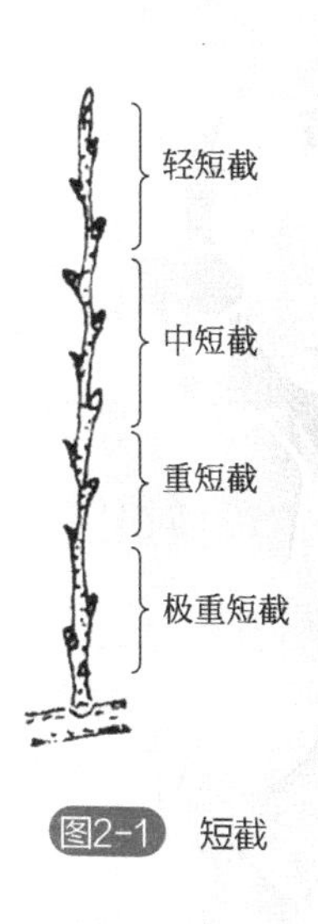

图2-1 短截

扩大树冠、复壮树势。枝条短截后可以促进侧芽的萌发，分枝增多，新梢停长晚，碳水化合物积累少，含氮、水分过多。全树短截过多、过重，会造成膛内枝条密集，光照变差。以短果枝结果为主的树种或以顶花芽结果为主的树种，不易形成花芽而延迟结果，旺树短截过多，常引起枝条徒长，影响成花、坐果。

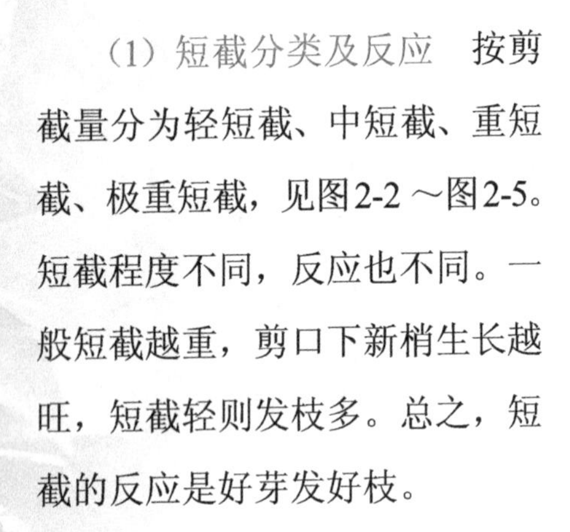

（1）短截分类及反应　按剪截量分为轻短截、中短截、重短截、极重短截，见图2-2 ～图2-5。短截程度不同，反应也不同。一般短截越重，剪口下新梢生长越旺，短截轻则发枝多。总之，短截的反应是好芽发好枝。

①轻短截　一般剪去枝条长度的1/4，对成枝刺激较小，

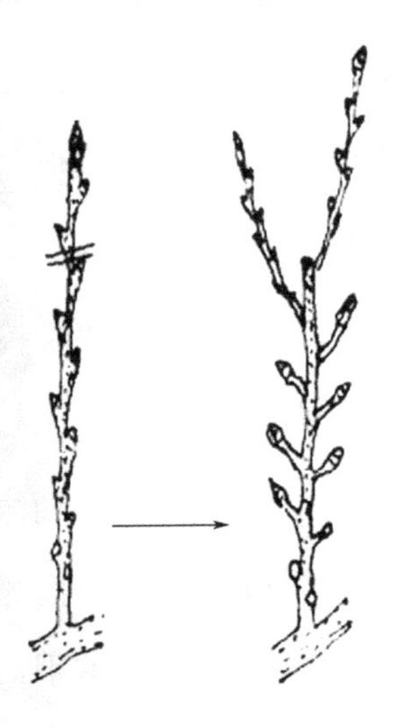

图2-2　轻短截

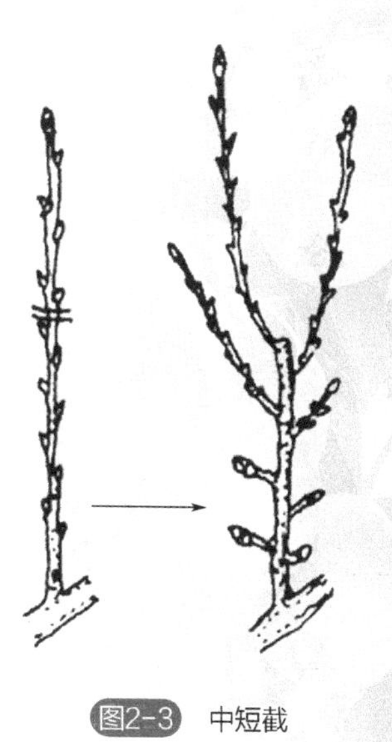

图2-3 中短截

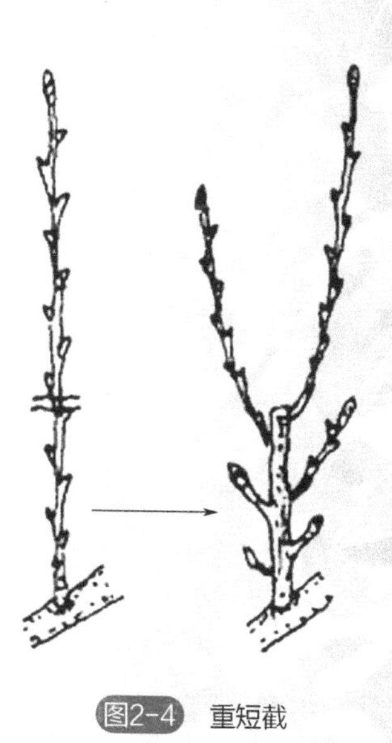

图2-4 重短截

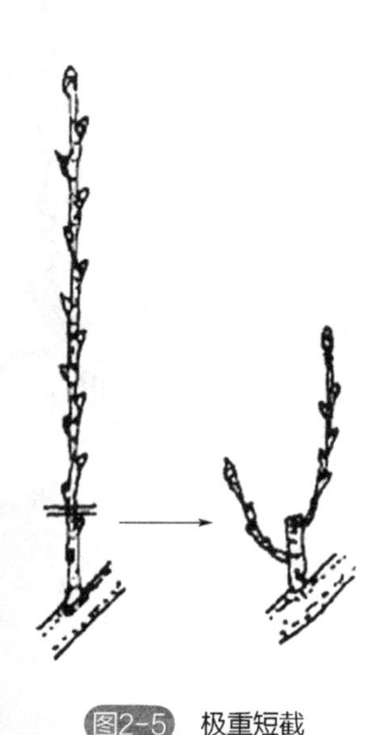

图2-5 极重短截

树势缓和，可形成较多的中短枝，有利于形成花芽。

② 中短截　大约剪掉枝条的1/3～1/2，截后分生中长枝较多，成枝力强，长势强。

③ 重短截　一般能在剪口下抽生1～2个旺枝或中长枝，多用于培养枝组或发枝更新。

④ 极重短截　在枝条基部

留1～2个瘪芽剪截，剪后可在剪口下下抽生1～2个弱枝，有降低枝位、削弱枝势的作用。

（2）短截的应用　短截应用见图2-6～图2-10，其作用如下。

① 促进分枝，提高成枝力。

② 增加枝条尖削度，形成牢固骨架。枝条经短截后，可增加基枝粗度，尖削度增大，骨

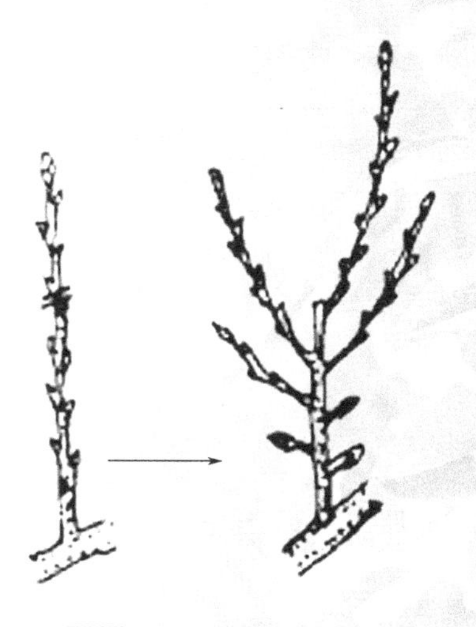

图2-6　促进分枝，提高成枝力

图2-7　连续短截枝条

图2-8　连续长放枝条

图2-9　利用背后芽开张枝条角度

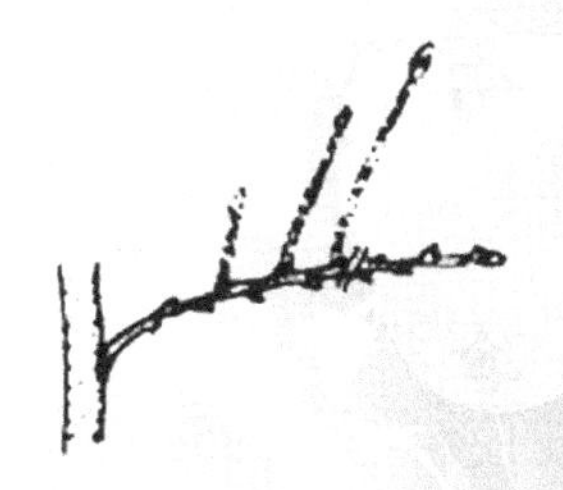

图2-10 利用背上芽抬高枝条角度

架牢固，大中枝组比例大。长放的枝条，基枝增粗较慢，尖削度小，在枝上多着生中小枝组，骨架稳定性差。

③ 改变枝条角度和延伸方向。

2.疏枝

将过密枝条或大枝从基部去掉的方法叫疏枝。疏枝一方面去掉了枝条，减少了制造养分的叶片，对全树和被疏间的大枝起削弱作用，减少树体的总生长量，且疏枝伤口越多，削弱伤口上部枝条生长的作用越大，对总体的生长削弱也越大；另一方面，由于疏枝使树体内的储藏营养集中使用，故也有加强现存枝条生长势的作用。

（1）常用的疏枝法　疏除直立旺枝，留平斜枝，疏重叠枝、密集枝、交叉枝。及时疏除竞争枝、背上直立枝、徒长枝，有利于扩大树冠、平衡树势，保持正常的树体结构。见图2-11～图2-16。

（2）疏枝作用　维持原来的树体结构；改善树冠内膛的光照条件，提高叶片光合效能，增加养分积累，有助于花芽形成和开花结果。

（3）疏枝效果和原则　对全

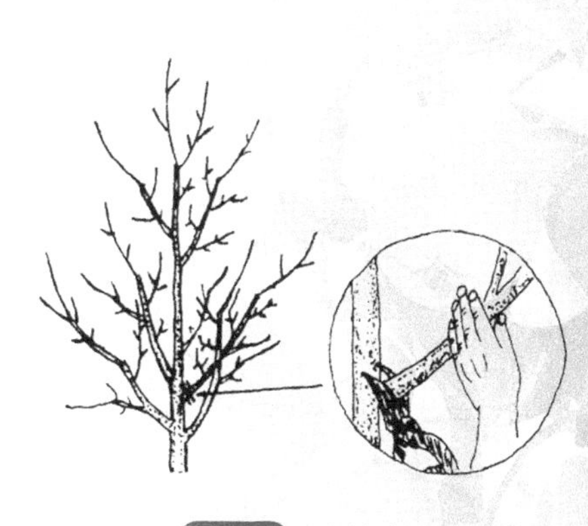

图2-11 中枝疏枝

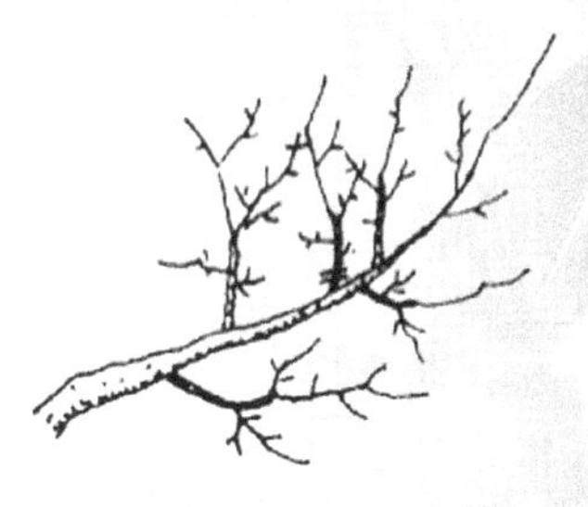

图2-12 疏除过密枝

图2-13 疏除重叠枝

图2-14 疏除交叉枝

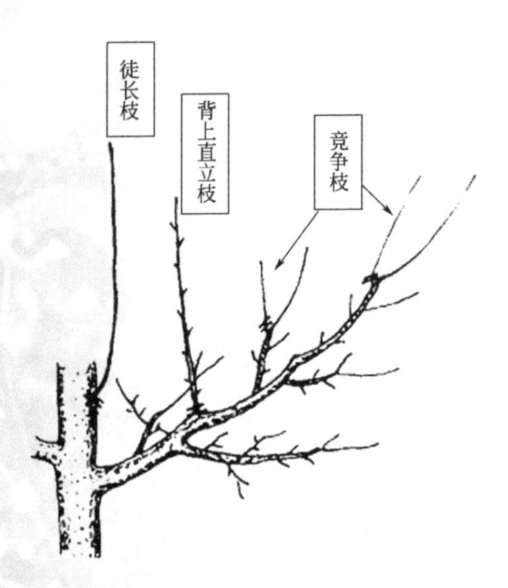

图2-15 疏除徒长枝、背上直立枝、竞争枝

图2-16 疏枝

1～3—梨树须疏除的幼树背上直立旺枝

树起削弱作用，从局部来讲，可削弱剪口、锯口以上附近枝条的势力，增强伤口以下枝条的势力。剪口、锯口越大、越多，这种作用越明显；从整体看疏枝对全树的削弱作用的大小，要根据疏枝量和疏枝粗度而定。去强留弱或疏枝量越多，削弱作用越大，反之，去弱留强，去下留上则削弱作用小，要逐年进行，分批进行。

（4）正确疏枝方法　疏小枝

时要顺着树枝分叉的方向或侧方下剪刀，剪口成缓斜面为宜，这样既省力又平滑，伤口易于愈合。疏中枝时，一手拿修枝剪，另一手把住枝条向剪口外方柔力轻推，这样不用很费力，就可使枝条迎刃而断。疏大枝时要求锯口平滑，残枝不能留太高。先在大枝基部由下向上锯1/3 ～ 1/2，然后再由上向下锯，上下锯口要对齐。见图2-17 ～图2-20。

3. 回缩

对二年生以上的枝在分枝处将上部剪掉的方法叫回缩。此法一般能减少母枝总生长量，促进后部枝条生长和潜伏芽的萌发。回缩越重，对母枝生长抑制作用越大，对后部枝条生长和潜

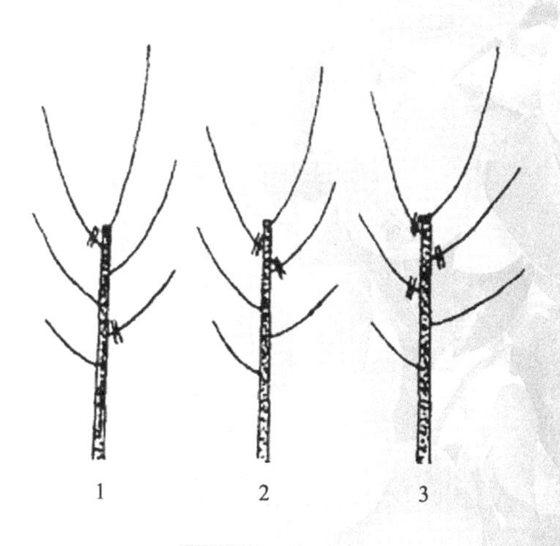

图2-17 疏枝方法

1—正确；2—错误（对伤口）；3—错误（连串伤口）

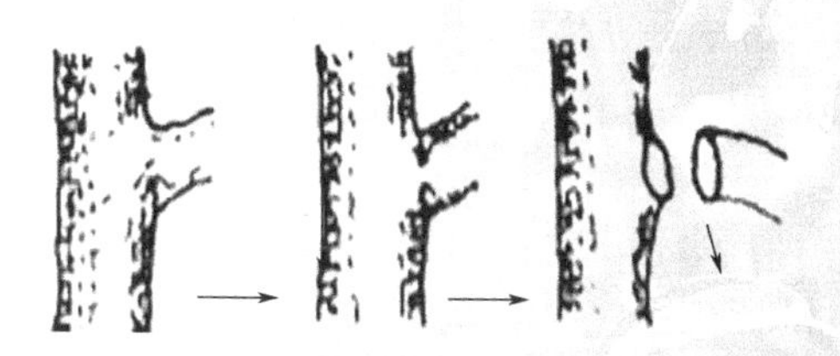

图2-18 正确疏除

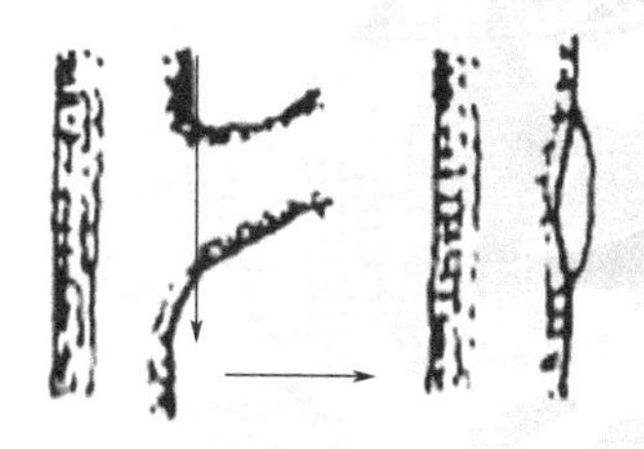

图2-19 错误疏除（锯口过大）

图2-20 错误疏除（留桩过多）

伏芽萌发的促进作用越明显。在生长季节进行回缩，对生长和潜伏芽萌发的促进作用减小。回缩用于控制辅养枝、培养枝组、平衡树势、控制树高和树冠大小、降低株间交叉程度、骨干枝换头、弱树复壮等。另外，对串花枝回缩可以提高坐果率，见图2-21～图2-24。据河北果树研究所试验：对“黄冠”梨树串花枝做不同程度的回缩处理，经调查留1、2、3个花序的处理枝花朵坐果率分别为38.2%、26.4%、

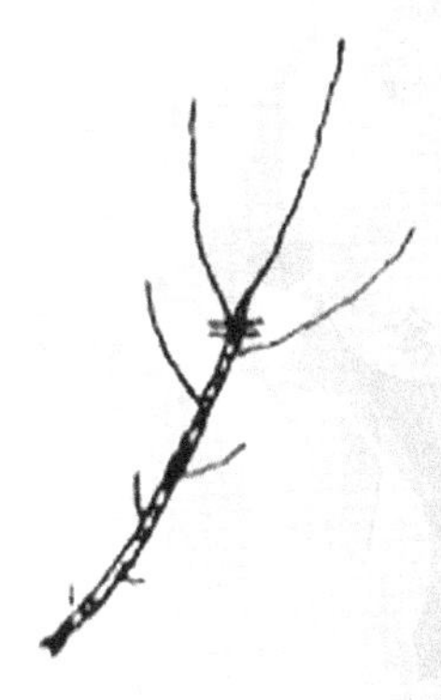

图2-21 结果枝组回缩，防止结果部位外移

图2-22 大型结果枝组回缩，培养成中小结果枝组

21.1%。

4. 长放

对一年生长枝不剪，任其

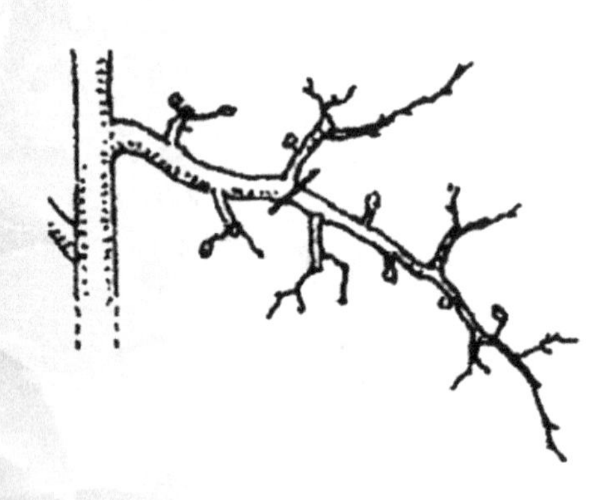
图2-23　下垂枝组回缩，更新复壮

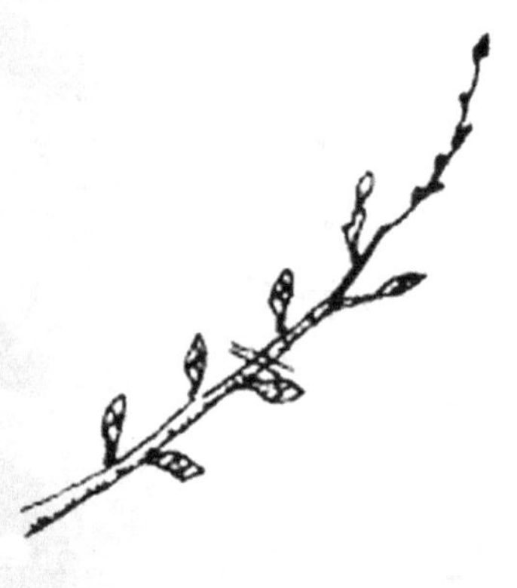
图2-24　串花枝回缩，提高坐果率

自然发枝、延伸叫长放或称为甩放、缓放。一般应用于处理梨旺幼树或旺枝，可使旺盛生长转变为中庸生长，增加枝量，缓和生长势，促进成花结果。长放平斜旺枝效果较好，长放直立旺枝时，必须压成平斜状才能取得较好的效果。为了多出枝，克服长放枝条下部光秃的现象，迅速缓和生长势，在长放枝上配合刻芽、多道环刻和拉枝等措施效果更好。生长旺的长枝经多年长放成为长放结果枝组后，要通过回缩修剪培养成为长轴的健壮枝组。生长较弱的树或枝进行长放，其表现是越放越弱，不易成花结果，并加速衰弱。

二、夏季修剪的方法

1. 除萌（抹芽）

在梨树萌芽期进行，主要去

除骨干枝背上已萌动或未萌动的叶芽，对冬季修剪伤口处发出的大量不定芽，除保留背下或侧生的1～2个不定芽外，其余需全部去除。及时除萌对抑制徒长枝发生、增加和提高发育枝数量和质量、促进花芽分化、调节骨干枝生长、延长结果枝组寿命有重要作用。

除萌宜在萌芽期进行，如果萌芽后开始除萌，树体易消耗大量储藏营养，降低储藏营养的利用效率。

2. 刻芽

刻芽也叫目伤。在冬季修剪时或春季发芽前，于芽或短枝的上方0.5厘米处，用剪枝剪或刀横刻皮层，深达木质部，成眼眉状，叫刻芽或目伤，见图2-25、图2-26。在芽或短枝的上方刻伤，可以阻碍根部储藏的养分向上运输，从而使刻伤处下部的枝或芽得到充足的营养，故有利于芽的萌发及枝的生长。

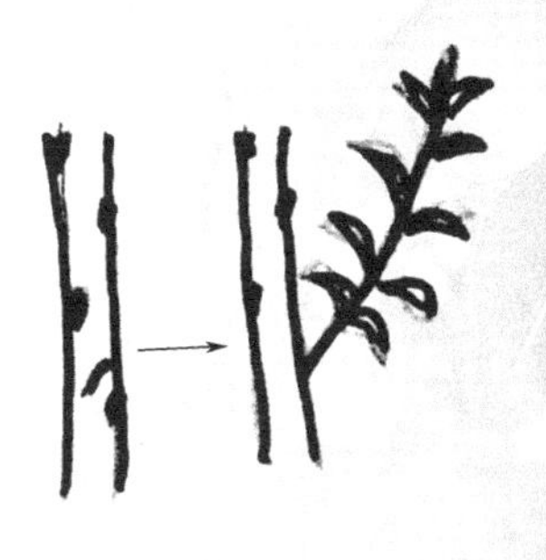

图2-25 刻芽图

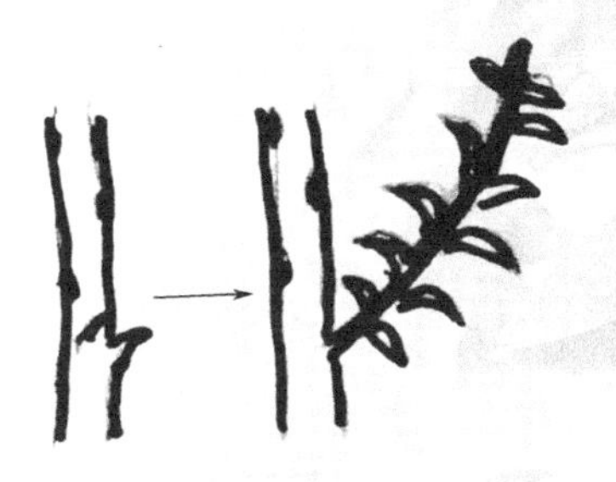

图2-26 刻芽

梨多数品种栽后当年定一干般仅能发出2～3个枝，不够整形需要，因此在定干后可对剪口下3～5芽刻芽，促发长枝，有利于整形，见图2-27。

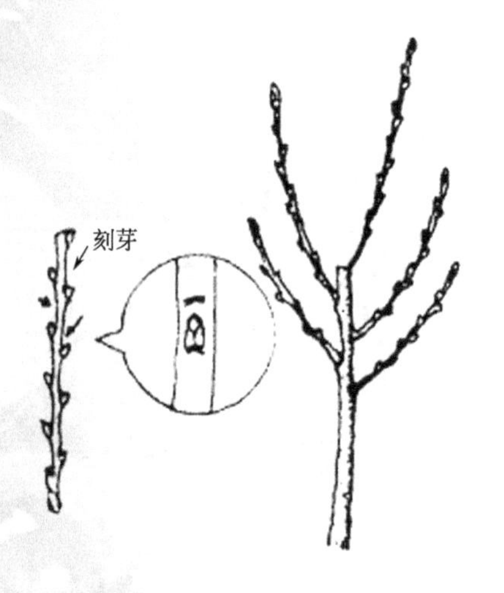

图2-27 定干时对第3～5芽刻芽

3. 别枝、拉枝

在发芽前后，将一年生以上的直立长放旺枝，从基部向下或左右弯曲，别在其他枝下叫别枝；若用绳等牵拉物下拉固定则为拉枝，见图2-28、图2-29。

图2-28 骨干枝拉枝开张角度

图2-29 三年生梨树拉枝开角

二者都能起到增大分枝角度，控制枝条旺长及促进出枝的作用。别枝和拉枝一般于6～7月份进行。主枝拉成80°～90°，辅养枝拉成水平。拉枝有利于降低枝条的顶端优势，提高枝条中下部的萌芽率，增加枝量及中短枝的比例，解决内膛光照及缓和树势、促进花芽形成等作用。

拉枝宜在新梢迅速生长结束、进入缓慢生长阶段（6月下旬至7月下旬）进行，此时正是梨树花芽进入分化期，果实开始迅速生长，拉枝既有利于抑制新梢生长，诱导腋花芽分化，也有利于改善树冠通风透光条件，促进果实膨大生长。拉枝时间提早，新梢极易脱落；拉枝过迟，树冠郁闭时期延长，不利于果实生长及花芽分化。

4. 软化

软化是发芽后对较细的一、二年生直立长放枝，用手握住枝条自下而上多次移位并轻度折伤，使之向下或左右弯曲。也可在6～8月份对长新梢进行软化，加大角度，控制生长。软化能起到控制旺长和促发分枝的作用。

5. 摘心

摘心指摘掉新梢顶端的生长点，见图2-30～图2-32。

（1）作用机理　摘心去掉了顶端生长点和幼叶，使新梢内的赤霉素（GA）、生长素含量急剧下降，失去了调动营养的中心作用，失去了顶端优势，使同化产物、矿质元素、水分的侧芽的运

图2-30 摘心前

图2-31 摘心

输量增加，促进了侧芽的萌发和发育；同时，摘心后由于营养有所积累，因此摘心后剩余部分叶

图2-32 摘心后

片变大、变厚、光合能力提高，芽体饱满，枝条成熟快。

（2）摘心的效果及应用

① 提高坐果率　促进果实生长和花芽分化，但必须在器官生长的临界期进行的摘心才有效。梨树早期对果台副梢摘心，可明显提高坐果率，增大单果重。

② 促进枝条组织成熟　基部芽体饱满，摘心时期可在新梢缓和生长期进行，在新梢停长前

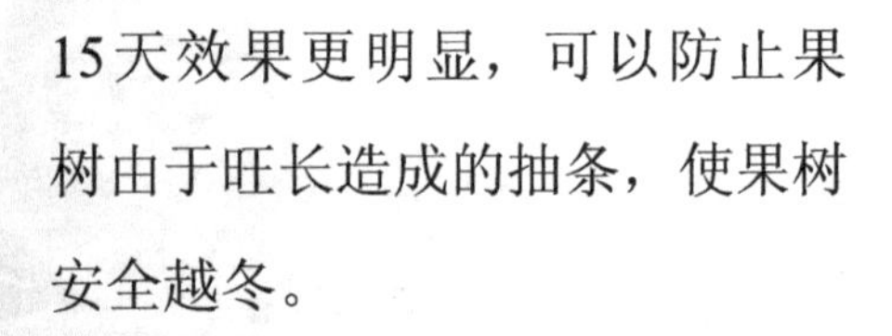

15天效果更明显，可以防止果树由于旺长造成的抽条，使果树安全越冬。

③ 促使二次梢的萌发　增加分枝级次，有利于加速整形，但只适用于树势旺盛的树，进行早摘心、重摘心，能达到促使二次梢萌发目的。

④ 调节枝条生长势　梨树上对竞争枝进行早摘心，可以促进延长枝的生长。对要控制其生长的枝条，可采用早摘心。

6. 环剥和环割

（1）环剥　在大枝或主干适当部位先环切两刀，深达木质部，再取下两刀口之间的韧皮部（树皮）。环剥宽度以枝或干直径的1/10为宜，多为3～5毫米，见图

2-33。环剥和环割适用于生长过旺、结果不良的梨树或大枝，时期应在树体旺盛生长期进行。环剥前要灌足水，以利伤口愈合。

图2-33 环剥

环剥时应注意：

① 环剥时避免对枝、干形成层造成损伤，不要用手触摸环剥口的黏液；环剥后用纸或塑料薄膜包扎伤口。

② 剥后20天内，对环剥口处不能喷抹波尔多液、有机磷等

农药。

③ 环剥愈合期一般为25～30天，如果效果不明显或很快愈合，可在1个月后于环剥口附近再环剥一次，但两次剥口不能重叠交叉。

④ 主干环剥时，若控制不好，则易死树或使树势严重衰弱，应慎用。

⑤ 环剥对梨树花芽形成具有明显的促进作用，使用时结合开张角度效果更佳。

（2）环割　用小刀或专用环割刀，将大枝或主干环切一周，切口深达木质部。环割所起作用的时间短、效果较差，但比较保险。如果一次环割收不到效果，1周后可再割一次，但一次只能割一刀，尤其在主干上不可一次割2～3刀。

第四节 整形修剪创新点

一、注意调节每一株树内各个部位的生长势之间的平衡关系

每一株树，都由许多大枝和小枝、粗枝和细枝、壮枝和弱枝组成，而且有一定的高度，因此，我们在进行修剪时，要特别注意调节树体枝、条之间生长势的平衡关系，避免形成偏冠、结构失调、树形改变、结果部位外移、内膛秃裸等现象。要从以下

三个方面入手。

1. 上下平衡

在同一株树上，上下都有枝条，但由于上部的枝条吸收光照充足、通风透光条件好，枝龄小，加之顶端优势的影响，生长势会越来越强；而下部的枝条，吸收光照不足，开张角度大，枝龄大，生长势会越来越弱。如果修剪时不注意调节这些问题，久而久之，会造成上强下弱树势，结果部位上移，出现上大下小现象，果实品质和产量下降，严重时会影响果树的寿命。整形修剪时，一定要采取控上促下，抑制上部、扶持下部，上小下大，上稀下密的修剪方法和原则，达到树势上下平衡，上下结果，通风透光，延长树体寿命，提高产量和品质的目的。

2. 里外平衡

生长在同一个大枝上的枝条，有里外之分。内部枝条见光不足，结果早，枝条年龄大，生长势逐渐衰弱；外部枝条见光好，有顶端优势，枝条龄小，没有结果，生长势越来越强，如果不加以控制任其发展，会造成内膛结果枝干枯死亡，结果部位外移，外部枝条过多、过密，最终造成果园郁闭。修剪时，要注意外部枝条去强留弱、去大留小、多疏枝，少长放；内部枝去弱留强、少疏多留、及时更新复壮结果枝组，达到外稀里密、里外结果、通风透光、树冠紧凑的目的。

3. 相邻平衡

中央领导干上分布的主枝较多，开张角度有大有小，生长势有强有弱，粗度差异大。如果任其生长，结果会造成大吃小、强欺弱、高压低、粗挤细的现象，影响树体均衡生长，造成树干偏移、偏冠、倒伏、郁闭等不良现象，给管理带来很大的麻烦。修剪时，要注意及时解决这一问题，通过控制每个主枝上枝条的数量和主枝的角度，使相邻主枝尽量一致或接近，达到一种动态平衡。具体做法是粗枝多疏枝、细枝多留枝；壮枝开角度、多留果，弱枝抬角度、少留果。坚持常年调整，保持相邻主枝平衡，树冠整齐一致，每个单株占地面积相同，大小、高矮一致，为丰产、稳产、优质打下牢固的骨架基础。

二、整形与修剪技术水平没有最高，只有更高

我们在果园栽植的每一棵树，在其生长、发育、结果过程中，与大自然提供的环境条件和人类供给的条件密不可分。环境因素很多，也很复杂，包括土壤质地、肥力，土层厚薄，温度高低、光照强弱、空气湿度、降雨量、海拔高度，灌水、排水条件，灾害天气等。人为影响因素也很多，包括施肥量、施肥种类，要求产量高低、果实大小、色泽、栽植密度等。上述因素都对整形和修剪方案的制定、修剪效果的好坏、修剪的正确与否等产生直接或间接的影响，而且这

些影响有时当年就能表现出来，有些需要几年甚至多年以后才能表现出来。果树的修剪方法必须和当地的环境条件及人为管理因素等联系起来，综合运用才能达到理想的效果。因此，修剪技术没有最高，只有更高，必须充分考虑多方面的因素对果树产生的影响，才能制定出更合理的修剪方法。不要总迷信别人修剪技术高，我们常说“谁的树谁会剪”就是这个道理。

三、修剪不是万能的

果树的科学修剪只是达到果树管理丰产、优质和高效益的一个方面，不要片面夸大修剪的作用，把修剪想得很神秘、搞得很复杂。有些人片面地认为，修剪搞好了，就所有问题都解决了，修剪不好，其他管理都没有用，这是完全错误的想法。只有把科学的土、肥、水管理，合理的花果管理，病虫害防治等方面的工作和合理的修剪技术有机结合起来，才能真正把果树管理好。一好不算好，很多好加起来，才是最好。对于果树修剪来说，同样是这个道理。

四、果树修剪一年四季都可以进行，不能只进行冬季修剪

果树修剪是指果树地上部一切技术措施的统称，包括冬季修剪的短截、疏枝、回缩、长放；也包括春季的花前复剪、夏季的扭梢、摘心、环剥；秋季的拉枝、捋枝等技术措施。有些地

方的果农只搞冬季修剪，而生长季节让果树随便长，到了第二年冬季又把新长的枝条大部分剪下来。这种做法的错误是一方面影响了产量和品质（把大量光合产物白白浪费了，没有变成花芽和果实）；另一方面浪费了大量的人力和财力（买肥、施肥）。这种只进行冬季修剪的做法已经落后了，当前最先进的果树修剪技术是加强生长季节的修剪工作，冬季修剪作为补充，而且谁的果树做到冬季不用修剪，谁的技术水平更高。我把果树不同时期的修剪要点总结成4句话：冬季调结构（去大枝），春季调花量（花前复剪），夏季调光照（去徒长枝、扭梢、摘心），秋季调角度（拉枝、拿枝）。

第三章

梨树整形特点与丰产树形要求

第一节

丰产树形及树体结构

一、梨树的整形特点

1. 梨树萌芽力较强，成枝力较弱

梨树大部分品种的顶、侧芽均能萌发，一般枝条的先端能抽生1～4个长枝，中下部只能萌发成中、短枝。对成枝力和萌芽力均强的品种，修剪时要多疏枝，少短截或轻短截，回缩要轻，全树主枝数应少留；成枝力弱，萌芽力强的品种，应多缓放、轻短截、少疏枝，全树主枝数可适当多留一些。

2. 梨树干性强

梨树干性强，幼树易出现中心干，生长较粗壮，基部枝较细弱，树高明显大于树冠直径，影响早期产量。幼树整形修剪时，应控制上强下弱。

3. 梨树枝条停止生长较早，顶芽较饱满，短枝一般无侧芽

梨树枝条停止生长早，多数长、中枝顶芽较饱满，抽枝能力较强，易形成顶花芽及腋花芽。梨树短枝节间短，叶腋间常无侧芽，或只有发育很不充实、芽体很小的侧芽，但顶芽很饱满，梨树短枝不能短截，短截后常因不萌发而导致枯死。

4. 梨树喜光性强

梨树对光照强度较敏感。一般在50%以上的光照强度易形成花芽，光照低于30%难以成花。树冠郁闭光照不足时，内膛结果枝组易衰弱或枯死。修剪时主枝层间距离要适当大些，以利于光照。

5. 梨树枝条较脆，宜在生长期开张角度

幼树枝条较直立，不易开张，盛果期后骨干枝较开展，枝头易下垂。大部分梨树品种幼树树冠呈圆锥形，影响早期成花与结果，需及早开张主枝角度。但应注意梨幼树主枝角度宜比梨树小些。达盛果后期，主枝角度增大，先端易下垂，需及时抬高角度。

梨树枝条较脆硬，受重压时基部易劈裂，开张主侧枝角度宜在生长期进行。

二、对丰产树形的要求

① 树冠紧凑，能在有效的空间有效地增加枝量和叶片面积系数，充分利用光能和地力，发挥果树的生产潜能。

② 能使整个生命周期中的经济效益增加，达到早果、丰产、优质高效、寿命长的目的。

③ 树形要适应当地的自然条件，适应市场对果品质量的要求。

④ 便于果园管理，提高劳动生产率。

三、树体结构的构成

构成树体骨架的要素有树体大小、冠形、干高、骨干枝的延伸方向和数量。

1. 树体大小

（1）树体大的优缺点　树体大可充分利用空间，立体结果，经济寿命长，但成形慢，成形后枝叶相互遮阴严重，无效空间加大，产量和品质下降，操作费工。

（2）树体小的优缺点　树体小可以密植，提高早期土地利用率，成形快，冠内光照好，果实品质好，但经济寿命短。

2. 冠形

梨树常用树形为疏散分层

形、单层一心形、纺锤形。

3. 干高

干高分为高、中、低三种，高干0.9～1.1米，中干0.7～0.9米，低干55～70厘米。低干是现在发展的趋势，其缩短了根系与树叶的距离，树干养分消耗少，增粗快，枝叶多，树势强，有利于树体管理和防风，干旱地区利于积雪保湿。

现在生产上一般采取幼树定干时低一些的方法。随着树龄的增加，逐渐去除下层枝，使树干高度逐渐增加。这种方法叫“提干”（开心形除外），果农俗称“脱裙”，栽培生产中应用时效果很好。

主干高度与品种生长特性、

立地条件和土肥水管理水平等密切相关，一般以60～80厘米为宜，剪口下需有4～5个饱满芽，用于培养主枝。

4. 骨干枝数量

主枝和侧枝统称为骨干枝，是运输养分、扩大树冠的器官。原则上在能够满足空间的前提下，骨干枝越少越好，但幼树期过少，短时间内很难占满空间，早期光能利用率太低，到成龄大树时，骨干枝过多，则会影响通风透光。因此幼树整形时，树小时可多留辅养枝，树大时再疏去。

梨骨干枝配置：第一层主枝和第二层主枝的层间距通常应达到100厘米左右，第二层主枝与第三层主枝的层间距需要60厘米以上；大型结果枝组一般配置在主枝中部，主枝的基本、前部，以及侧枝和中央领导干上可配置中小型结果枝组；在幼树阶段，中央领导干和主枝上可适当保留部分辅养枝，以弥补枝量不足，提高早期产量。进入盛果期后，应有计划地逐年缩小和疏除辅养枝。

5. 主枝的分枝角度

主枝分枝角度的大小对结果的早晚、产量和品质有很大影响，是整形的关键之一。角度过小，表现出枝条生长直立，顶端优势强，易造成上强下弱势力，枝量小，树冠郁闭，不易形成花芽，易落果，早期产量低，后期树冠下部易光秃，同时角度太小易形成夹皮角，负载量过大时易劈裂。

角度过大，主枝生长势弱，树冠扩大慢，但光照好，易成花，早期产量高，树体易早衰。

梨主枝开张角度一般以60°～70°为宜，角度过小，树冠郁闭，通风透光不良，生长势强，花芽形成少；角度过大，生长势缓和，易形成花芽，主枝易衰老。

第二节 梨树的主要树形及整形过程

一、梨树的主要树形

1. 疏散分层形

适应于株行距4米×5米左

右的稀植大冠树性

（1）树体结构（见图3-1）

干高60～80厘米，树高4～5米左右，全树配备5～6个主枝，下层3个（或4个），上层2个；第一层主枝一般配备3个侧枝——第一侧枝距主干40厘米以上为宜；第二侧枝与第一侧枝相距40～50厘米，第三侧枝与第二侧枝对生，距离可增大到60厘米以上，但各侧枝之间忌交叉重叠；第二层主枝一般只配备2个侧枝——第一侧枝距主干30～40厘米为宜，第二侧距第一侧距离可适度加大；两层主枝之间的距离以1.2～1.6米为宜，且每个主枝与主干的角度以60°～70°为宜。

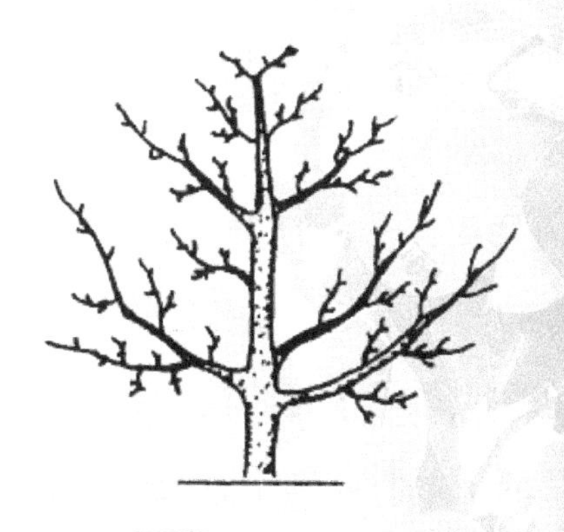

图3-1 疏散分层形树形

（2）整形过程

① 定植当年定干高度一般为70～80厘米，见图3-2。春天定植的，定植后马上定干；冬季温暖潮湿地区，也可秋天定植，亦需定干，只是截留高度可略高些，以免上部芽体风干、抽条；待春季萌芽前再短截至预定高度。整形带内要求5～7个饱满芽，以确保发出足够数量的新梢，供主枝选择之用。定干后

除顶部2～3个饱满芽以外，下部再刻3～4个芽，保证整形带内抽生5～6个健壮新梢（见图3-3），作为冬季修剪时选做主枝和中央领导干延长枝。对于直立生长的品种，需于新梢停止生长后，进行拉枝固定，使其与中心干成60°～70°角即可。

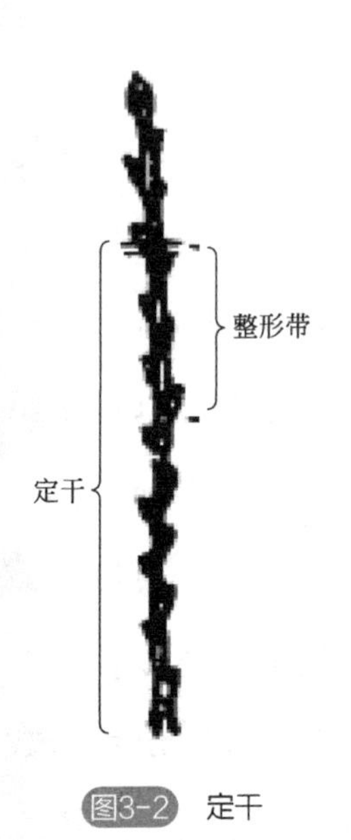

图3-2 定干

图3-3 刻芽

② 定植当年冬剪一般壮苗定干后可抽生5～6个健壮长梢，对顶部壮枝于70～80厘米处短截，以培养中心领导干；对下部枝条选3个或4个着生部位好、轮生的枝条留作主枝，于50厘米左右处短截以促发侧枝，要求以壮芽带头以利尽快成形。对主枝基角尚未达到60°～70°

者，需进行拉枝；其余枝条尽量不疏间，应拉平留作辅养枝使用，并长放促花以增加早期产量。实际操作中对各主枝的短截长度可因枝条的生长势及栽植密度灵活掌握，但一般以不低于40厘米为宜，见图3-4、图3-5。

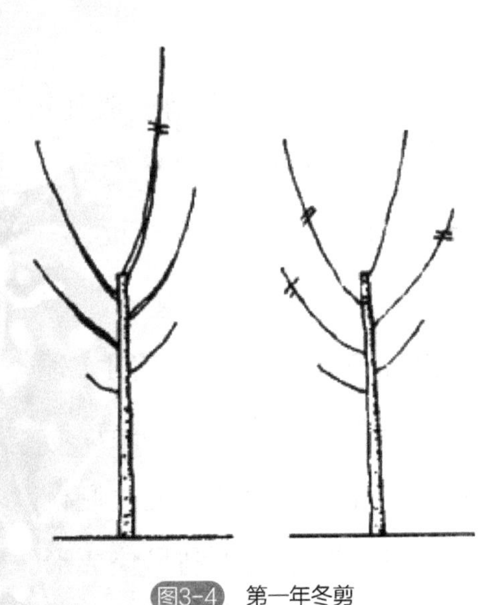

图3-4 第一年冬剪

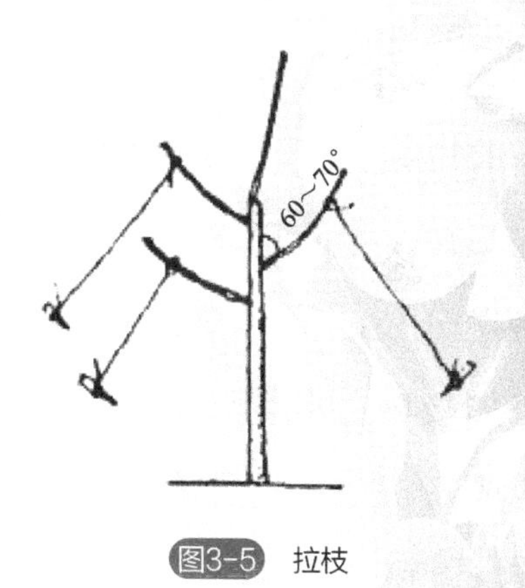

图3-5 拉枝

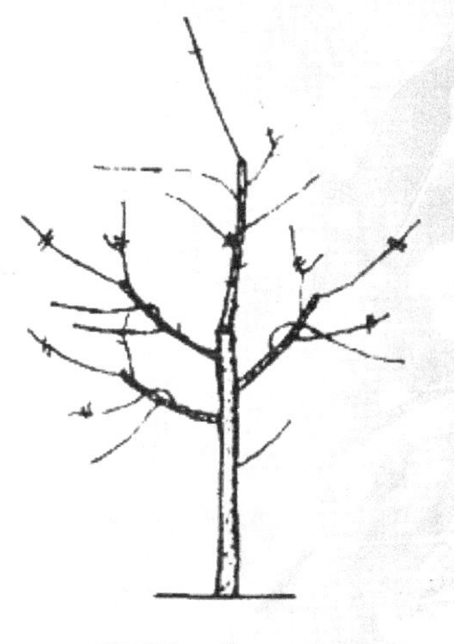

图3-6 第二年冬剪

③ 第二年冬剪见图3-6。继续对中心干进行短截，长度以

70厘米为宜；第一层主枝延长头的短截长度以40～50厘米为宜，并以壮芽带头，其作用在于促发分枝，培养第二侧枝；并增加枝叶生长量，以利树冠早期成形。中心干上的一年生分枝，原则上不再短截，可用拉枝的方法延缓其生长势，促进花芽形成。

④ 第三年的冬剪　原则上以长放为主，见图3-7。对上部新梢选择两个向行间延伸者于40厘米左右处短截，以培养第二层主枝；对第一层主枝的延长头，弱者可进行适度短截，壮者宜长放。而对一、二层主枝间的枝条，成花多者可进行“齐花剪”；花芽少者可继续长放，以促发短枝和形成花芽。

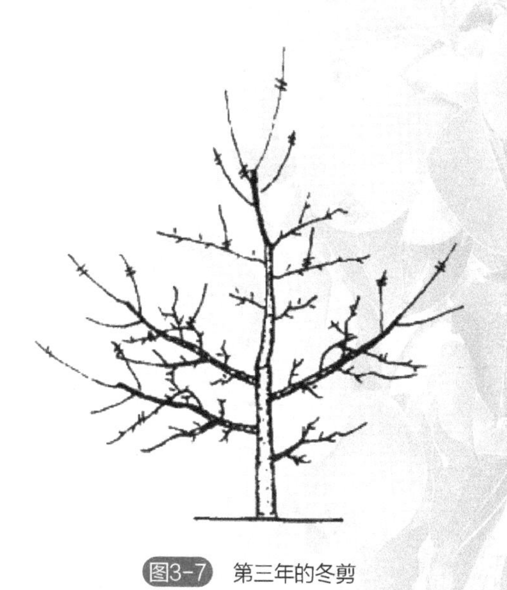

图3-7 第三年的冬剪

2. “单层一心”树形（倒伞形）

适用于3米×4米左右的密植梨园。

（1）树体结构 见图3-8。干高60厘米，具有明显的中心干，在中心干的下部错落着生一层主枝，主枝3～4个，层内距30～

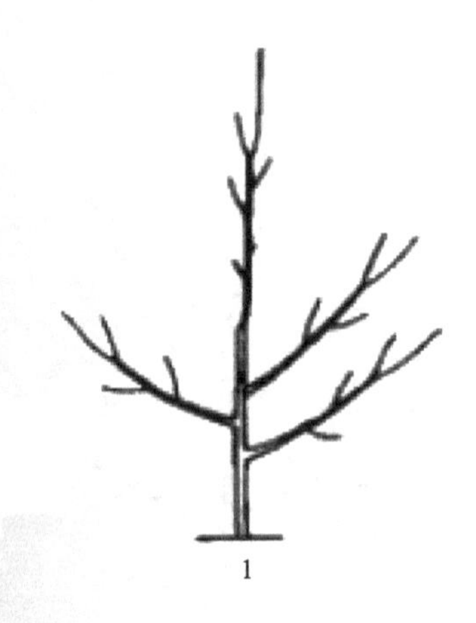

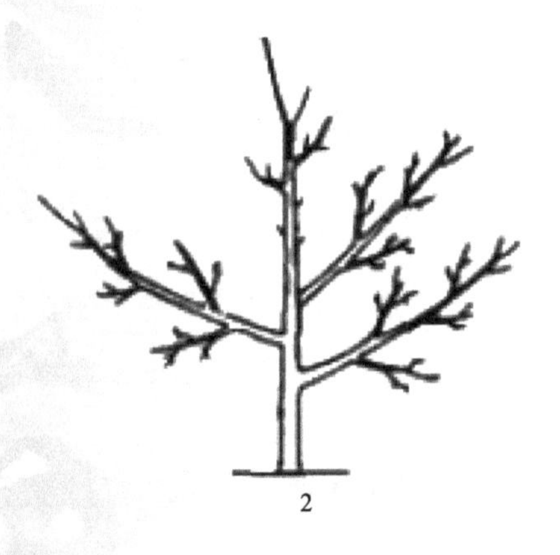

图3-8 “单层一心”树体结构

1—第二年；2—第四年

50厘米，主枝与中心干夹角60°～70°，每个主枝上着生

1～2个侧枝，其余为中小枝组。在中心干上不再培养主枝，而是每隔40～50厘米配置一个大型枝组，中心干不要太粗壮，相当于一个主枝的粗度和大小即可，树高在3.5米。该树形是原疏散分层形的改良树形，主从分明，可以从幼树培养成形，也适用于作大树改造的树形。

（2）整形过程

① 定植当年　定干高度要求80～90厘米，整形带内必须留足5～7个壮芽。对成枝力弱的品种，尤其是日、韩品种新水、黄金等需进行刻芽。

② 第二年修剪对中心干延长枝条在80厘米左右处轻短截，并有选择地（间隔20厘米，且着生方向错落）进行刻

芽。对基部抽生的枝条，原则上不再进行短截，选3～4个方位适宜的枝条，于萌芽前拉成60°～70°即可。但对生长势弱，长度不足60厘米者，需适度短截，以增强其生长势，尽快成形。

③ 第三年修剪　对中心干延长枝不再短截。中心干上第二年短截后抽生的枝条，长放促花即可；但对长势强、角度直立者需进行拉枝（80°～90°）。

上述整形方法拉枝角度大，易于背上萌出徒长枝，需加强抹芽、摘心、扭梢等夏季修剪工作。

3. 纺锤形

适宜株行距（2～3）米×（3～4）米的密植梨树。

（1）树体结构　见图3-9。干高60～70厘米，树高3米左右，在中心干不配备主枝，而是直接培养12～15个“小主枝”，且不分层。每结果枝轴之间的距离以20～30厘米（同侧面枝相距60厘米）为宜，与中心干的着生角度为70°～80°。主枝上不再配备侧枝，而是直接培养结果枝组，大量结果树势缓和后落头。

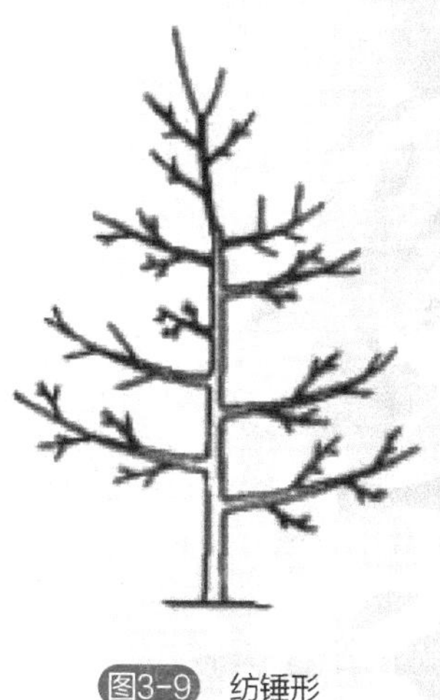

图3-9　纺锤形

该树形的优点：①主枝或结果枝轴数量多；②不分层；③无侧枝。具有易操作、成形快、结果早、丰产早等特点，而且因结果枝轴上没有侧枝，树体通透、膛内光照良好，有利于提高果实品质，并对延长结果枝组寿命具有积极意义。但对成枝弱的品种，需做好“目伤”工作，以促发分枝，否则极易因枝轴的数量不够而出现“偏冠”等问题；同时对枝梢直立生长的品种，需做好“拉枝造形”工作。

（2）成形过程

① 第一年　定植后定干，定干高度为80～100厘米，整形带内必须留足6～8个壮芽。对成枝力弱的品种，需进行刻

芽。图3-10、图3-11。

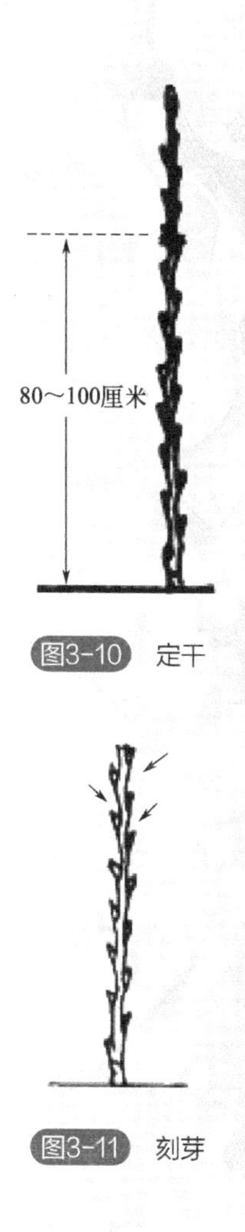

图3-10 定干

图3-11 刻芽

第一类：长势壮、枝量大、

长枝多的幼树。冬季修剪时疏除主干下部距地面55厘米以下的枝条；在55厘米以上的长枝中，选留4～6个长势均衡、方位较好的枝条，其中3～4个为主枝、1～2个为辅养枝，对留下的枝条一律长放，其他的长枝疏除。中央领导干延长枝长势若弱，用下部竞争枝换头，否则应疏除竞争枝。中央领导干延长枝进行短截，剪留长度45～55厘米。

第二类：幼树长势比第一类稍弱，枝量为5～6个，并且长枝少。冬剪时中央领导干延长枝在饱满芽处短截，疏除竞争枝，选择3～4个方位好、长势壮的长枝在饱满芽处进行中短截，以促发长枝；其余中庸枝缓放。

第三类：幼树长势弱，枝

量少，并且长枝更少。冬剪时疏除竞争枝，中央领导干延长枝在饱满芽处短截，其余的长枝留1～1.5厘米极重短截，促使第二年重新发枝，对角度大的中庸枝缓放。

② 第二年冬季修剪　萌芽前后拉枝，使各枝处于近水平状态，辅养枝甚至可以下垂，主枝、辅养枝多道环刻。5月上旬至6月上旬主枝、辅养枝上的直立梢进行拧梢，疏除主干上距地面50厘米以内的萌蘖；主枝基部背上直立旺梢和过密梢适当疏间，其他壮梢进行扭梢或摘心，扭梢、摘心后再萌发的枝条再扭梢、再摘心。秋季对中央领导干上发出的新梢软化（也叫拿枝），使之趋于水平。

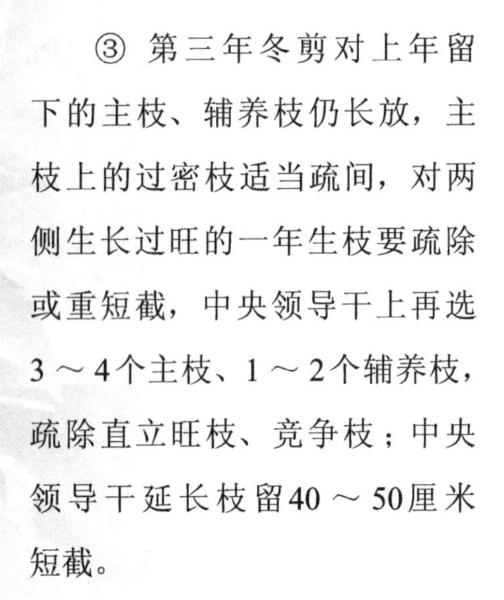

③ 第三年冬剪对上年留下的主枝、辅养枝仍长放，主枝上的过密枝适当疏间，对两侧生长过旺的一年生枝要疏除或重短截，中央领导干上再选3～4个主枝、1～2个辅养枝，疏除直立旺枝、竞争枝；中央领导干延长枝留40～50厘米短截。

④ 第四、五年修剪　同上一年方法，主枝数量达到12～15个后，不再对中心干短截，长放即可，下一年冬季修剪时在最上面主枝处落头，同时逐年疏除中心干上过多的辅养枝。

二、枝组的培养

梨树结果枝组的培养主要有“先截后放”和“先放后截”

两种。

1. 先截后放

一般用于大中型结果枝组的培养。对发育枝进行短截后使发分枝，长放促花，并对强壮直立枝辅以摘心、拉枝等技术手段，待成花结果、生长势缓和后再进行回缩，以培养成永久性结果枝组。如疏散分层形侧枝上大中型枝组的培养大都采用“先截后放”的方法，见图3-12。

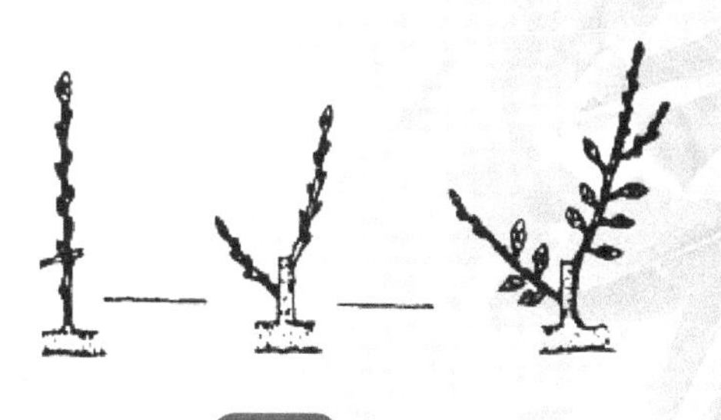

图3-12 先截后放

2. 先放后截

适用于各类枝组的培养。将有扩展空间的发育枝进行长放，待其结果后，再回缩，一般常用于幼旺树的枝组培养，图3-13。

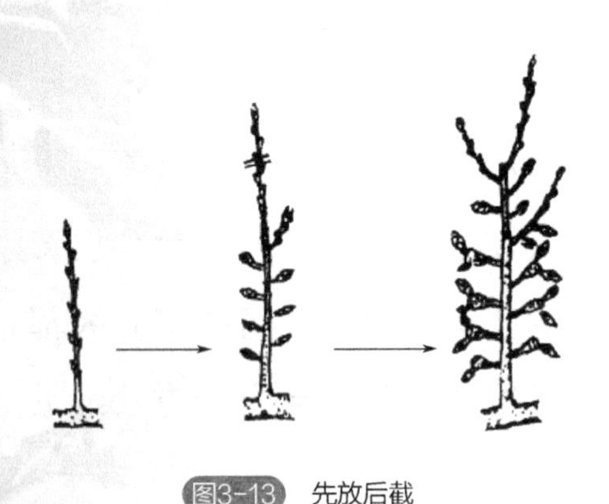

图3-13 先放后截

第四章

不同树龄、类型梨树修剪方法

第一节 不同年龄时期梨树的修剪

一、幼龄树修剪

主要任务是整形，培养主、侧枝，调节各类枝的开张角度和方位角，培养强壮骨干枝和结果枝组，培养辅养枝，迅速扩大树冠。梨幼树整形，应随树作形、轻剪，尽量多留枝条，见图4-1。

根据树形要求定干。树冠大、主枝开张的品种定干可高些，树冠小、主枝角度小的品种可低些。定干时剪口下要留10余个饱满芽，保证将来发出粗壮枝条，以便选留主枝。定干后发出的枝条，选长势健壮、方位和角度好的长枝作主枝。梨幼树枝量增长慢，除骨干枝延长枝、大型枝组领头枝适度短截外，冠内多留枝、多长放。

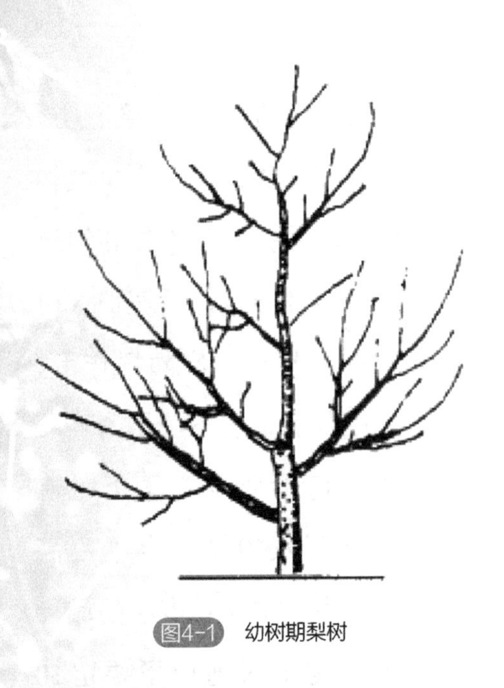

图4-1 幼树期梨树

辅养枝的选留以不影响骨干

枝生长为原则。幼树期间骨干枝尚未长大成熟，空间较大，辅养枝应多留轻剪，促树姿开张。辅养枝妨碍骨干枝生长，并形成大量短果枝时，可适当回缩。

幼树竞争枝生长势、着生方向、角度合适，可用竞争枝代替原领导枝；无法利用的竞争枝及早疏除。竞争枝与领导枝粗度近似，可分2～3年疏除，以防一次疏除后伤口过大。

骨干枝背上徒长枝，有生长空间可连续摘心培养成背上枝组。没空间及时疏除。

梨树角度小、极性强，开角是梨幼树整形修剪中的重要措施。梨枝条脆硬易折断，开角必须从小树做起，最好在生长季进行。

二、初结果树修剪

主要任务继续完成整形，培养骨干枝，保持树势平衡和长势，管理好辅养枝，大力培养结果枝组和促进成花，处理好竞争枝，为进入盛果期丰产打基础。

初果期树的修剪以疏剪和缓放修剪为主，以果压冠控制冠形。初果期树成枝率较高。要分批、分期短截，逐年调整，根据骨干枝的配备，逐步选留大、中枝组，小枝组随大、中枝组的配置随机留用。树体内易形成密挤交叉枝和背上直立枝，应及时疏除。

进入初果期后，主、侧枝延伸角度和方位不理想，可继续进行调整，对主枝位置过高或过低的，可用背后枝或背上枝换头。

对幼树期中心干和主枝上保留的辅养枝，进入结果期后，应充分利用它们来结果；同时，又要防止其影响骨干枝的生长。对辅养枝轻剪缓放，促进成花；结果后，有发展空间的可保留，使其成为永久性辅养枝，并疏去其上旺枝，使其继续成花结果；多年生辅养枝，延伸过长的要回缩更新复壮，防结果部位外移；影响骨干枝生长和树形结构的辅养枝要疏除。

梨树成花容易，一般枝条长放后都能成花，在初结果期还需适当控制结果量、增加枝叶量，保证树冠扩展，使树冠内部形成丰满的枝组。进入结果期后，对树冠内长枝要区别对待，有长放、有短截，使每年在冠内形成一定量的长枝，长枝应占全树总枝量的1/15左右。

三、盛果期修剪

盛果期树（见图4-2）修剪基本原则是应注意调节生长和结果的关系，调整枝组，防止后部枝组衰弱，使树体保持立体结果状态，达到连年丰产。

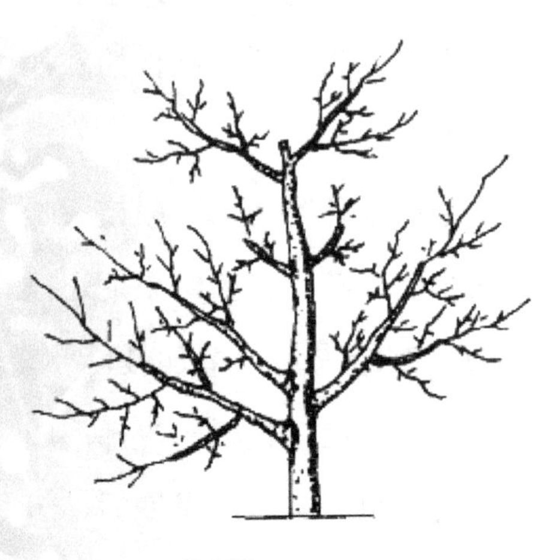

图4-2 盛果期树

进入盛果期后，树体结构已基本稳定，产量显著提高，随着枝梢的分枝级次不断递增，枝量进一步增大，易发生树冠郁闭，使内膛小枝衰弱，造成结果部位的外移。

盛果期的修剪应“适当轻剪，轻重结合”，轻剪1～2年或2～3年后，当生长有转弱趋势时，及时加重修剪，促使树势复壮，树势恢复后，再适度轻剪，树势又转弱时，再重剪复壮。

盛果期梨树骨干枝、树形已固定，一般不疏除。骨干枝的延长枝一般剪留全长的1/2，以维持树势，防止树冠扩大过快。交叉枝及重叠的大枝适当疏间或回缩。对生长细弱、冗长而下垂的多年生侧枝，从生长较壮或有向上斜生的分枝处回缩，促其复壮。

在盛果期，树冠内枝条数量多，徒长枝一般疏除。盛果后期，内膛枝逐渐衰亡，使骨干枝下部光秃，骨干枝上的徒长枝适当保留，培养成结果枝组充实内膛。

结果枝组内结果枝数和挂果量要适当并留足预备枝，中、大型结果枝组应壮枝壮芽当头，每年发出新枝。以短果枝群结果为主的品种，应精细修剪。每个短果枝群中不超过5个短果枝为宜，其中留2个结果，2～3个作预备枝，剪除顶芽。修剪时去弱留强，去平留斜，去远留近。骨干枝背上的徒长枝，有空间时用夏剪摘心或长放等方法培养成枝组，无空间则疏除。

四、衰老期树

衰老期树（见图4-3）以更新复壮为主，充分利用枝干基部萌生的枝条培养枝组，延长结果年限。

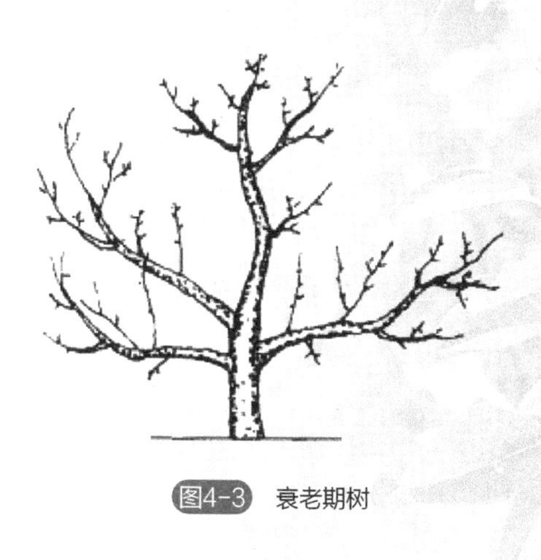

图4-3 衰老期树

此期在加强肥水管理的基础

上进行更新修剪，增强树势，萌发新技，充实树冠，维持结果能力。光秃骨干枝应重回缩更新。回缩后要控制多年生分枝的结果量，同时适当回缩重剪，刺激萌发新枝。

衰老树结果枝组延长头多因结果过量而下垂，或先端衰弱无力，需要对一定数量下垂的多年生枝重回缩，回缩到有良好分枝处，起到复壮作用。

过弱的树或枝，先减少挂果量，多培养枝叶，缓1～2年，生长势好转时再回缩。修剪方法上要重疏弱枝，减少花量，大骨干枝不可疏除，以免造成大伤口，削弱树势。

第二节 不同类型梨树的整形修剪

一、强旺树的整形修剪

对于幼树和初果期树，高温多湿或灌溉条件好、土壤肥沃的梨园常出现强旺树。

开张主、侧枝生长角度，通过拉枝、轻剪长放和疏枝等，缓和主枝、侧枝的生长势。

培养中心领导干时，尽量弯曲延伸，缓和上强下弱，促进上下生长势平衡。如果中心领导干已培养好，要控制中心领导干上的主枝和辅养枝枝组数量，尤其是一层主枝与中心领导干的交接处，不能有大型辅养枝或大枝组，如果有一定要疏除；要加大伤口、限制营养向上输送，控制树冠旺长。对二层主枝一般留2～3个。生长点要与一层主枝错开，不能留大的辅养枝，少留营养枝，多留结果枝，生长势要控制在中庸偏弱的水平。

适当回缩辅养枝和结果枝组，轻剪长放枝条，促进花芽形成，多留结果枝。

晚春修剪，削弱树势，增加中短枝量，促进花芽形成。

适当疏除旺长的直立枝和过密的营养枝，抑制顶端优势，有效解决树冠内的光照问题。

二、大小年树的整形修剪

1. 大年树修剪

树冠表现为短果枝结果为主。对短果枝的修剪方法是3去2或5去4，拉开短果枝着生距离，短截中长果枝更新，疏除衰弱果枝，回缩连续长放的细弱枝组，少长放。适当疏除一年生枝条，延长枝在饱满芽剪截。春季可花前复剪，短截串花枝，回缩弱枝组，疏除弱花芽。

2. 小年树修剪

树冠表现为中长果枝结果较多，短果枝很少。疏除长枝或徒长枝，留中庸偏弱的枝条。长中结果枝要轻剪长放，对果台果枝

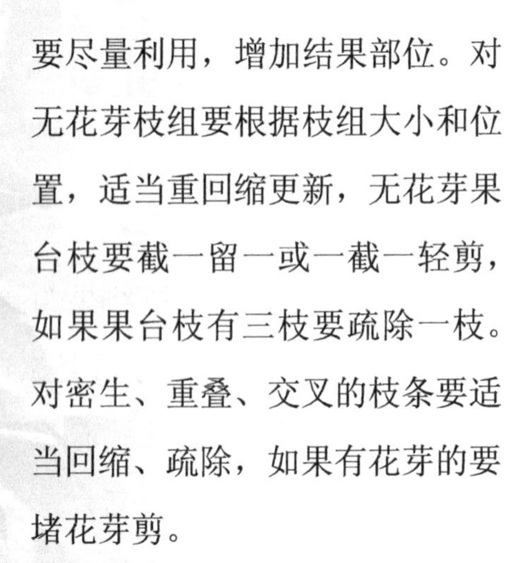

要尽量利用，增加结果部位。对无花芽枝组要根据枝组大小和位置，适当重回缩更新，无花芽果台枝要截一留一或一截一轻剪，如果果台枝有三枝要疏除一枝。对密生、重叠、交叉的枝条要适当回缩、疏除，如果有花芽的要堵花芽剪。

三、高接树的整形修剪

生产上需要用新品种替代品质差、生产水平低的老品种时常用梨树高接换种。

高接幼树修剪以培养树形为主，盛果期般以平衡树势为主，尽快恢复产量，衰老树要维持长势，适当结果，延长结果年限。

当改换品种的生长势强时，夏季修剪应结合拉枝，缓和生长势，促进花芽分化，冬季修剪时应去直立旺枝，留斜生、水平、下垂枝，多留花芽，通过结果削弱其生长势；改换品种生长势较弱时，修剪时可对枝条多短截，少留花芽，增强长势。

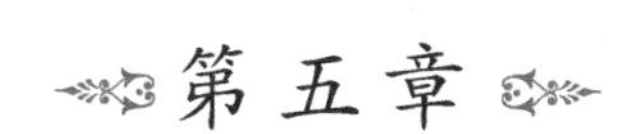

第五章

梨树不同栽培种群的整形修剪特点

不同种群及品种的梨生长结果习性有差别，有的种群或品种成枝力很低、萌芽力很高，这类品种长枝少短枝多，树冠稀疏透光，以短果枝结果为主，且连续结果能力强，易形成短果枝群结果的特点，如鸭梨、早酥梨、日本梨品种等。有些品种则相反，发长枝多，短枝少（尤其幼树期），枝条密生，透光性差，果台副梢也长，不易形成短果枝群，中长枝和长果枝易形成腋花芽。这类品种主要靠新枝结果，大小年也明显，如砀山酥梨、秋子梨等。

一、砂梨

砂梨系主要代表品种有丰水、新高、黄金、圆黄等。砂梨树冠大，生长势较旺，进入结果期后，以短果枝及短果枝群结果为主，树势易衰弱，结果早、易丰产。

整形修剪多以疏散分层形和开心形及小冠疏层形为主，幼树萌发枝条比较少，修剪应多留枝，多短截，有利于整形和扩大树冠。盛果期树内膛枝组易枯死、光秃，应对结果枝组中长、中、短果枝和短果枝群精细修剪，调节生长势，做到常截常新。对不易形成短果枝和短果枝群的品种，对枝组进行缩放结合，利用果台枝短截来复壮枝组的生长势。

二、白梨

白梨系主要代表品种有鸭

梨、雪花梨、皇冠梨、慈梨、金花梨等。白梨树势强健，枝条较开张。分枝能力较弱，进入盛果期以短果枝结果为主，易形成短果枝群，结果较早。

树形多采用疏散分层形，幼树萌发枝条较少。整形修剪宜少疏枝，延长枝长留，辅养枝轻剪长放，骨干枝每年要开张角度。树体出现内膛光秃、枝组枯死时，应及时降低中心干高度，主枝、侧枝进行转主换头，辅养枝和结果枝组要适当回缩，改善通风透光条件，短果枝群及时更新复壮。难以形成短果枝群的品种，要及时对结果枝组回缩更新，促发新枝，复壮枝组，延长结果年限。

1. 鸭梨修剪特点

鸭梨萌芽力高，成枝力低，无论短截或长放，只发1～2个很少发3个长枝，下部萌发大量短枝，易转化为花芽。有明显短枝型性状，见图5-1。越是长壮枝拉平后越易成花。干性中强，角度开张，树冠松散，透光好，见图5-2～图5-4。以短果枝结

图5-1 鸭梨的枝

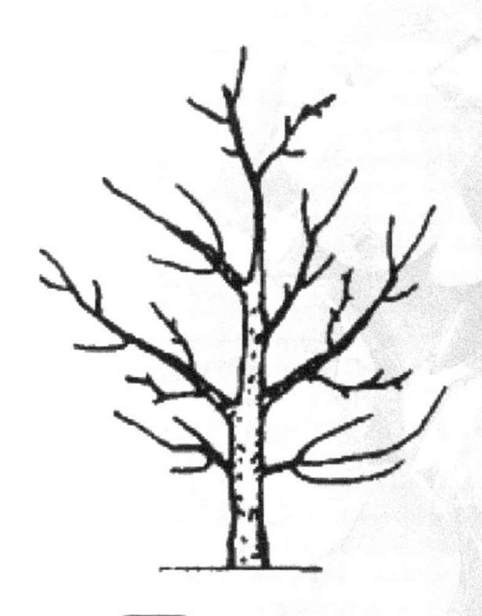

图5-2　树势中庸偏强

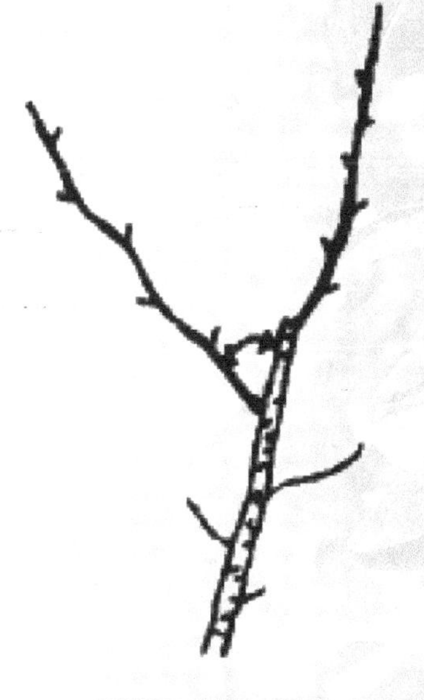

图5-3　分枝角度大

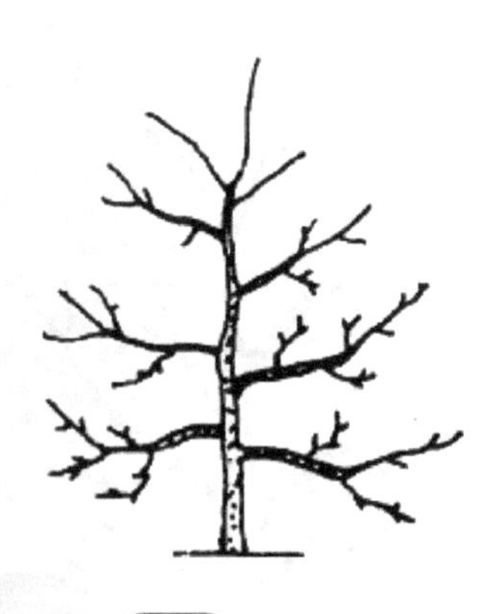

图5-4 树冠松散

果为主，果台发生副梢能力强，果台副梢短，易形成短果枝群“鸡爪枝”（见图5-5～图5-7）。果台连续结果能力强，结果早、丰产稳产，适于密植。

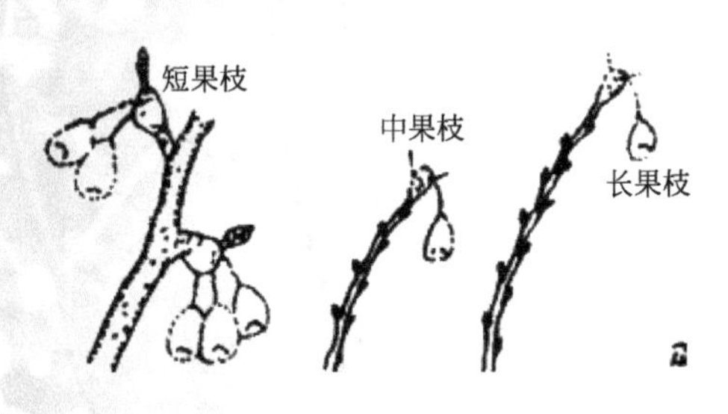

图5-5 短果枝结果为主

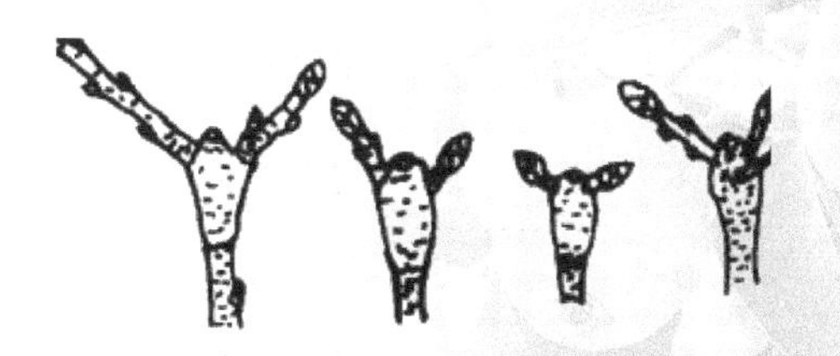

图5-6 果台发生副梢能力强

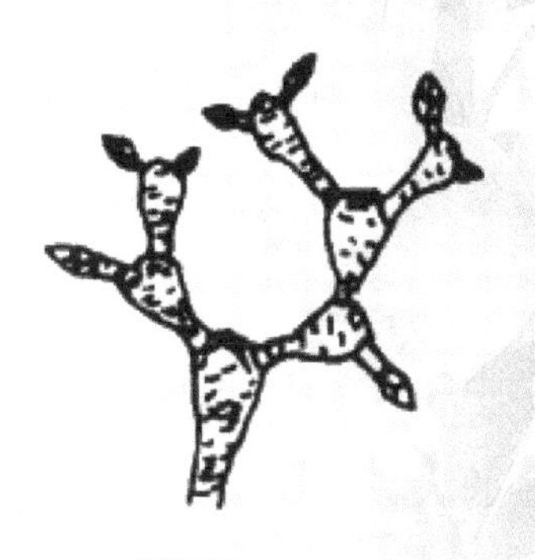

图5-7 短果枝群

大、中冠型宜采用主干疏层形，小冠型宜用单层一心形（倒伞形）。成枝力低，在整形期，在定干和延长枝头中截后，对剪口下第3、4芽上方目伤，以促发分枝。

幼树期，短截要比成枝力高的品种多一些，才能多发些长壮枝，即多截少疏，再长放；先增长枝，再增短枝，以扩大树冠，增加枝量。

盛果期树，枝组连续结果能力强，短果枝群可暂不修剪，可连续结果。对长放2～3年的枝组，结果后再回缩，防止早衰。不能都是长放枝组，在空间大处，可对中庸枝条连截几年，养成分枝多的大、中枝组。花芽过多的大年树，可轻截部分长花枝，去掉顶花芽，促其下年开花结果。

鸭梨的隐芽发更新枝能力差，盛果后期，后部发的徒长枝保留培养，用其更新，防后部秃裸。

2. 雪花梨修剪特点

树性中强，枝条硬度大，分枝角度小，树势直立（见

图5-8），成枝力和萌芽力较强。短枝结果为主，中枝、长枝、腋花芽也能结果（图5-9、图5-10）。长枝比鸭梨多，短枝

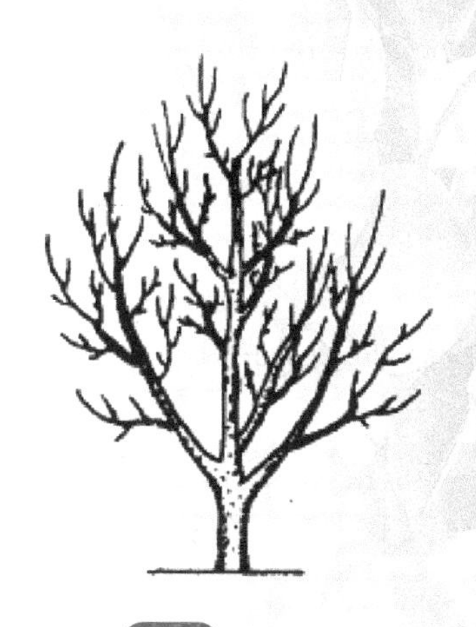

图5-8 树势直立

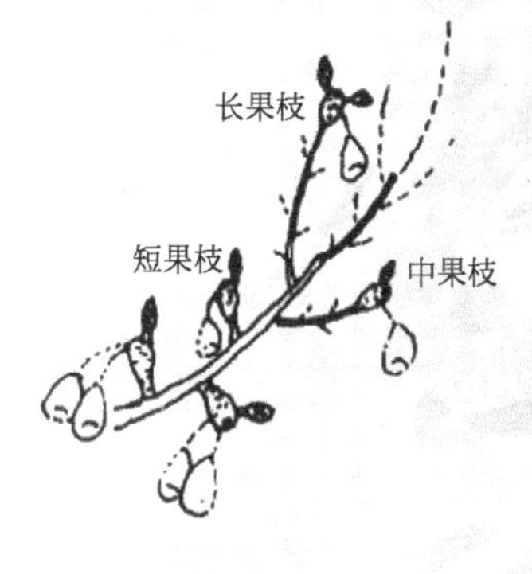

图5-9 短果枝、中果枝、长果枝结果状

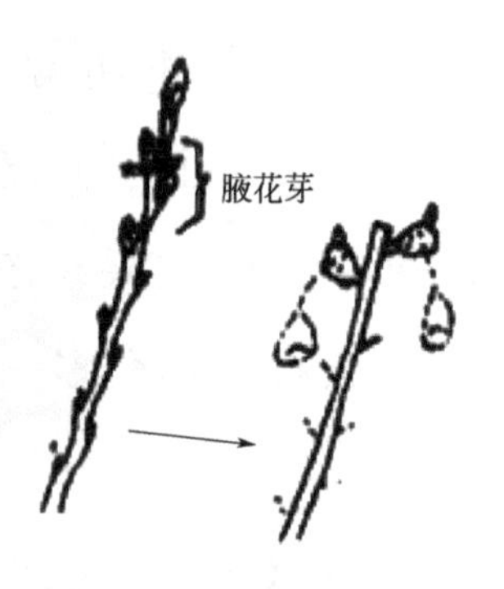

图5-10 腋花芽结果状

比鸭梨少，成年树短果枝占65%左右。中长枝易形成腋花芽。中截后发枝比鸭梨多，骨干枝粗长比小。5年生开始结果，早期产量不及鸭梨。果实极大，但超负荷时明显变小，易出大小年。果台只发1个长副梢，不易形成短果枝群（见图5-11）。短果枝寿命短，结果部位外移早。

大中冠型宜用疏散分层形。

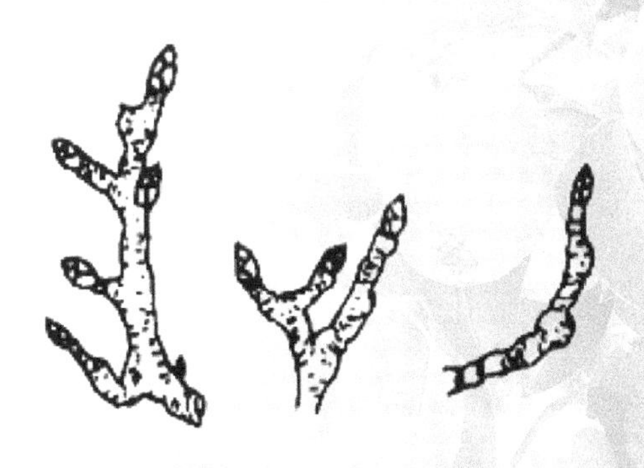

图5-11 果台及果台副梢

对主侧枝宜轻剪长留，在夏梢中部半饱满芽处短截，利用其易成腋花芽特性早结果，压冠开角。

雪花梨短果枝寿命短，但易转化为长果枝。对短果枝可暂不剪，结几年果后回缩，再发新枝结果情况更好。不追求枝组内稳定结果，主要靠邻近枝组间交替更新维持结果。

及时更新内膛枝，当内膛枝隐芽不易萌发，结果能力明显下降时，对大枝迅速回缩，对小枝重截，促发新枝结果。

对小年树，充分利用中长果枝和腋花芽结果。

3. 皇冠梨修剪特点

皇冠梨树势健壮，幼树生长较旺盛且直立，多呈抱头状；8年生树高4.35米，干周37.2厘米，冠径3.1～3.5米；萌芽率高，成枝力中等，一般剪口下可抽生3个15厘米以上的枝条。始果年龄早，一般栽培管理条件下2～3年即可结果，一年生苗的顶花芽形成率可高达17%。以短果枝结果为主，短果枝占69.5%、中果枝占11.8%、长果枝占18.8%，腋花芽为3.5%。每果台可抽生2个副梢，且连续结果能力较强，幼树期有明显的腋花芽结果现象。

幼树整形宜采用疏散分层形。由于其直立生长，多呈抱头状，需做好拉枝造形工作。为提高早期产量，宜多留长放，即除对中心领导干及主枝延长枝进行必要的短截外，其余枝条宜尽量保留，并长放促花。进入盛果期后应及时疏除过密辅养枝，“落头”保证内膛光照；对结果枝组进行回缩复壮，以确保连年丰产、稳产。需做好夏季修剪。

4. 早酥梨修剪特点

早酥梨萌芽力很高，成枝力很低，短截后只发2个长枝和少数中枝，其余都是短枝，树冠稀疏松散透光。干性强，层性明显，单枝生长量非常大，有的可长达2米以上。枝条间差异很大，长枝特长，短枝成串。短枝易转化为长枝（受刺激后），长枝分生短枝的性能也好。长壮枝拉平后极易成花。早果性能好，坐果率高，单序结果2个。幼树壮枝能形成顶花芽和先端2～3个腋花芽。成树以短果枝结果为主，占90%左右。果台很少抽生副梢。

大、中冠型时宜采用疏散分层形，小冠型可用单层一心形、纺锤形。大、中冠整形时期，要多中截和刻芽目伤，促增加长枝数量，以便选择骨干枝和长放枝组。

长放2～3年大量结果后，顶梢不足50厘米时，及时回缩到后部分枝或短枝处，保持稳定结果。

该品种很少形成中大枝组，多靠长放枝上的短果枝群结果。靠长枝组间更新，交替结果，即有的长枝组放出去结果，有的长枝组缩回来更新，有长有短，有放有缩。

三、秋子梨

秋子梨系主要代表品种有南果梨、小香水、京白梨、花盖梨等。秋子梨树冠高大，抗寒性和生长势强。整形修剪可采用疏散分层形，层间距要适当加大，改善树冠光照，一年生枝应少截多放，适当疏除，树冠内培养的大中小枝组间距要适当加大，当多年长放或轻剪的枝条出现生长势减弱、结果能力下降时，及时回缩，抬高角度，保持主枝头、侧枝头长势。

四、西洋梨

西洋梨主要代表品种有巴梨、康复伦斯、阿巴特等。西洋梨树冠中大，生长势极强，枝条柔软，树形难培养，产量中等。

树形多采用疏散分层形，树体衰老后，可锯除领导干，变为开心形。主枝宜多留，第一层与第二层主枝间距可减小，主枝等骨干枝延长枝不易长留，剪留长度应控制在45～50厘米，以免主枝、侧枝过软下垂，难形成树冠，防止主枝、侧枝后部光秃。

对光照要求不高，可多留枝，少疏枝，多长放。幼树要多留长果枝，盛果期要长、中、短果枝结合，尽量不短截，只长放，过密可疏枝，结果后再回缩更新。

参考文献

[1] 王迎涛等. 梨优良品种及无公害栽培技术. 北京：中国农业出版社，2004.

[2] 农业部农业技术推广总站. 梨优良品种及其丰产优质栽培技术. 北京：中国林业出版社，1993.

[3] 陈敬谊. 梨优质丰产栽培实用技术. 北京：化学工业出版社，2016.

[4] 贾永祥等. 看图剪梨树. 北京：中国农业出版社，2000.

[5] 张玉星. 果树栽培学各论·北方本. 北京：中国农业出版社，2003.

[6] 张绍玲. 现代农业科技专著大系-梨学. 北京：中国农业出版社， 2013.